ソメイヨシノ

ヤマザクラ

エドヒガン

オオシマザクラ

カンザン

カンヒザクラ

俊雄氏（森林総合研究所）

上野乃満花　不忍競馬之図(幾英画，明治 22 年(1889 年))

所蔵：東京都江戸東京博物館
Image：東京都歴史文化財団イメージアーカイブ

佐藤俊樹著

桜が創った「日本」

―ソメイヨシノ　起源への旅―

岩波新書

936

まえがき

春になると、桜が咲く。

桜の花はまるで空から降ってくる。冬の間裸だった木を、緑の葉がめぶくまえに、白桃色の花弁が覆う。人は桜と出会い、そして春に出会う。日本列島の春は桜の春である。

「桜《サクラ》」という言葉は「サ」と「クラ」があわさったものだという。「サ」は穀物(稲)の精霊、「サツキ」や「サオトメ」の「サ」。「クラ」は神が座す場所、「イワクラ」の「クラ」。雪が消えて冬が終わり、穀物の精霊が最初に舞い降りてくる場所。それが「サクラ」だ。

語源論としては少しできすぎていて、かえってあやしげだが、裸木が一斉に花をまとう姿は、まさに春の精が舞い降りてくるようだ。一面の花、一面の春。遠近感を失うほどの圧倒的な量感はたしかに神々しく、おそろしい。

見上げると、淡い桃色が視界いっぱいにひろがり、自分がどこにいるのかわからなくなる。どこまでもどこまでも花の隧道《トンネル》がつづいていきそうで、胸が締めつけられる。そのはてしなさはかえってこの一瞬のあてどなさを思わせる。今年《こんねん》花落ちて顔色《がんしょく》改《あらた》まり、明年《みょうねん》花開くも復《ま》た誰《たれ》か在《あ》る――。私も桜にはそんな記憶の方が多い。

今の仕事につくことになったのも、というか自分が何をできないのかがわかったのも、春だった。中学一年生のときだ。校庭の桜の木の下で、はしゃぎまわる同級生たちを一人眺めていて、気づかされた。

それからずっと春は出会いというよりも、別れの季節だったように思う。大事な人を失くすのはいつも春だ。父が亡くなったのも春だった。たった一匹の犬の友だちと別れたのも春である。おかげで、桜を愛《め》でるどころでない年を何度か、すごすことになった。だから本当は、散る桜よりも、散ってしまった桜の方が心に残っている。葉桜の、葉のかげにひっそり残る花弁を見て、「ああ春だったんだ」と思い出すのだ。

それもきっと私だけのことではないのだろう。多くの人が経験する、ありふれた春の風景の一つ。一斉に花が咲き散っていく姿に、日本列島の人々は出会いと別れをずっと重ねあわせてきた。はてしない花色の回廊や、一斉に吹き散る花びらの乱舞。なかにいると自分も引きこまれていきそうで、おそろしく、そしてなつかしい。何度すごしても、桜の春は心がざわめいて、しかたがない……。

桜とはそういうものだとずっと信じていた。

そんな自分の感覚に「あれ!?」と思ったのは、一冊の本からである。そのなかに「ソメイヨシノは江戸時代末期にでてきた品種で」「葉が出る前に花が咲きそろうのがその特徴である」と書いてあったのだ。江戸の末期といえば、ええっと、百年ちょっと前!? そんなに新しいの?

詳しいことは本のなかでゆっくり話していくが、新しいのはソメイヨシノという桜だけではない。私がひたっていたような、あんな桜の語られ方がふつうになったのも、決して旧《ふる》くはない。五十年か、長く見積もっても七、八十年ぐらい。それより前には、もっと別の形で桜の春は語られていた。

そういわれると、驚く人がかなりいるだろう。本やTVなどでは、日本人はずっと桜を愛し、こんな春を過ごしてきた、とくり返し語られているからだ。でも、それはただのお噺《はなし》、一種の伝説にすぎない。桜が一斉に咲き散る景色に「日本らしさ」や「日本人らしさ」を見出す人は今も多いが、本当は逆で、いつからこんな春ができたのか、どうしてこんな春をずっと過ごしてきたと思うようになったのか。そう考えた方が「日本」や「日本人」について、もっと深く、もっといろいろ見えてくるのである。

そしてもう一つつけ加えれば、こういわれてもあまり驚かない人も少しいるにちがいない。でも、こちらは希望的推測こみでいわせてもらうが、そこで想像される「別の春」もたぶんちがっていると思う。現在を反転させた過去の姿もまた、現在の投影にすぎない。

『マクベス』の魔女風にいえば、新しいは旧い、旧いは新しい。あえて歴史に真実を求めるとすれば、その織りなす綾《あや》に求めるしかない。新しいものを旧いと決めつけるのも、旧いものを新しいと決めつけるのも、硬貨《コイン》の裏表である。

おっと、小難しい話題は後回し後回し。まずは桜だ。桜の春、今私たちが目にするその春の景色から、話をはじめよう。道行のなかで、さきほど述べたこともだんだんにわかってもらえるはずだ。

桜がなくては、やっぱり春ははじまらない。

目次

目　次

I　ソメイヨシノ革命

1　「桜の春」今昔

桜、桜、……

「桜」といえば、どんな花を思いうかべるだろうか。

白にごく薄く紅をまぜた五弁の花びらが、枝いっぱいに咲く。満開の樹がずらっと並んで視界をうめつくす。そんな花、花、花の光景を頭にうかべる人が多いと思う。

実は一口に「桜」といっても、たくさんの種類がある(表I-1)。自生種(野生で生えていた桜)ではヤマザクラ、オオヤマザクラ、オオシマザクラ、カスミザクラ、エドヒガン、マメザクラ、タカネザクラ、カンヒザクラなどなど。最初の四つはヤマザクラ群、エドヒガンはエドヒガン群、マメザクラとタカネザクラはマメザクラ群、カンヒザクラはカンヒザクラ群にさらに大きく分けられている。これらの間に自然にできた雑種も多い。

「そんなにあるのか」という気がしてくるが、この上さらに、「里桜」とよばれる園芸品種(人が育ててきた桜)が三百以上ある。こちらの歴史もけっこう旧い。普賢堂《ふげんどう》あるいは普賢象《ふげんぞう》と

表I-1　桜の種類(群名，種名とも主なもののみ)

自生種	
ヤマザクラ群	ヤマザクラ，オオヤマザクラ，オオシマザクラ，カスミザクラ
エドヒガン群	エドヒガン
マメザクラ群	マメザクラ，タカネザクラ
カンヒザクラ群	カンヒザクラ
園芸品種	「里桜」

いう桜の名前は、室町時代までさかのぼる。江戸時代後半には特に八重桜が好まれ、百をこえる品種が新たに開発された。八重桜は花びらの数が十枚をこす花をつけるもので、一葉《イチヨウ》、関山《カンザン》などは今もときどき見かける。

これほど多種多様な桜があるなかで、現在私たちが目にする桜のほとんどはソメイヨシノ(染井吉野)という、たった一つの品種で占められている。「桜」で多くの人がぱっと思いうかべるのも、このソメイヨシノだろう。

正確な数字は調べようがないが、日本の桜の九〇％はソメイヨシノだという説さえある。これはさすがに大げさなようだが、少なくとも七～八割はソメイヨシノらしい。平塚晶人『サクラを救え』は、いくつかの統計を検討した上で、関西以外の都市部で九割、関西の都市部で八割、都市部以外では七割ぐらいではないかと述べている。検証のしようはないが、感覚的には納得できる数字だ。

一八歳で東京へ出るまで、私は広島県の広島市に住んでいた。だから、私にとっても、桜といえば圧倒的にソメイヨシノだった。大学生のころ、四月も半ばすぎになって、桜そっくりの花を見つけたことがある。なんだろうと思って近づいてみると、根元に「八重桜」と札がそえてあった。赤面ものの実話である。

そんなまぬけをやってしまうのも、一つには、ソメイヨシノの咲き方がなんとも印象的であるからだ。東京でいえば三月末から四月初めに、花だけが枝いっぱいに開き、やがて散っていく。公園や寺社だけでなく、都市河川の岸や暗渠《あんきょ》の上にもソメイヨシノの桜並木はたくさんある。電車から外を見ていると、あちこちで淡い桃色の花のラインがずっとつづいていくのを目にする。

東京にはそんな場所がいくつもあるが、私が特に好きなのは目黒川だ。中目黒という駅の近くから目黒橋まで、一キロにわたって桜並木がつづく。川といっても幅は十メートルぐらい。両岸の枝はふれあい、落ちた花弁が川面を塊りになって流れていく。岸辺からの眺めもいいが、川の上、鉄橋を渡る電車からの眺めはもっといい。樹冠が並んで見えて、花色がいっそうひきたつ。

よく似た景色は明治の頃からあったらしい。例えば、もっと都心に近い神田川でも、飯田橋から江戸川橋までソメイヨシノが両岸に植えられていた。島崎藤村の『若菜集』にもでてくる。当時の川幅はやはり十メートルほどで、今の目黒川にはおりられないが、昔の神田川では小舟を出して花見ができた。なんともうらやましい話である。

目黒川の桜

桜並木は同じ彩《いろど》りでずっと向こうまでつづく。樹に近づけば、その感じはもっと鮮烈になる。どの樹も本当に同じ花色をしている。遠くからぼんやり同じように見えるだけではなく、近くで見てもはっきり同じなのだ。

桜とはそういうものだ、と私はずっと思いこんでいた。とんでもない誤解である。桜だからではなく、ソメイヨシノだからそうなのだ。

昔の桜景色

ソメイヨシノの咲き方には、いくつか際立った特徴がある。特に目をひくのは、葉が出る前に花が出そろうところだ。桜のなかではエドヒガン系も花だけ先につけるが、ソメイヨシノは一つ一つの花が大きい。そのため、樹全体を覆いかくすように、花が一斉に広がる。まさに「一面の花色」という感じだ。「花の隧道《トンネル》」とか「花のアーチ」といった形容もよく聞く。

実は、これはソメイヨシノならではの咲き姿で、「まえがき」で少しふれたが、桜の歴史のなかでは新しいものなのである。この桜がどこで生まれたかについてはいろんな説があって、今も決着がついていないが、幕末から明治の初めに江戸(東京)に姿を現し、全国へ広まっていった。年数でいえば、百年少し前ぐらいからだ。江戸時代を舞台にしたTVドラマで、よく満開のソメイヨシノを映したりするが、あれは全くのでたらめである。

では、それ以前の桜の景色はどんなものだったのだろうか。

桜関係の本をみると、よく「ソメイヨシノが流行る前はヤマザクラが桜の代表だった」とか「本来の日本の桜はヤマザクラ」とあるが、実際にはそんなに単純ではない。

ヤマザクラは主に西日本に自生する。例えば、有名な奈良県吉野山の桜はほとんどがヤマザクラ。京都の内裏《だいり》紫宸殿《ししんでん》前の桜、あの「左近《さこん》の桜、右近《うこん》の橘」の桜は何度も植え継がれていて、江戸時代には紅色の八重桜もあったようだが、多くはヤマザクラ系統だろうと考えられている。

ところが東日本では、暖かい地域にしかヤマザクラは自生しない。太平洋岸では宮城の石巻

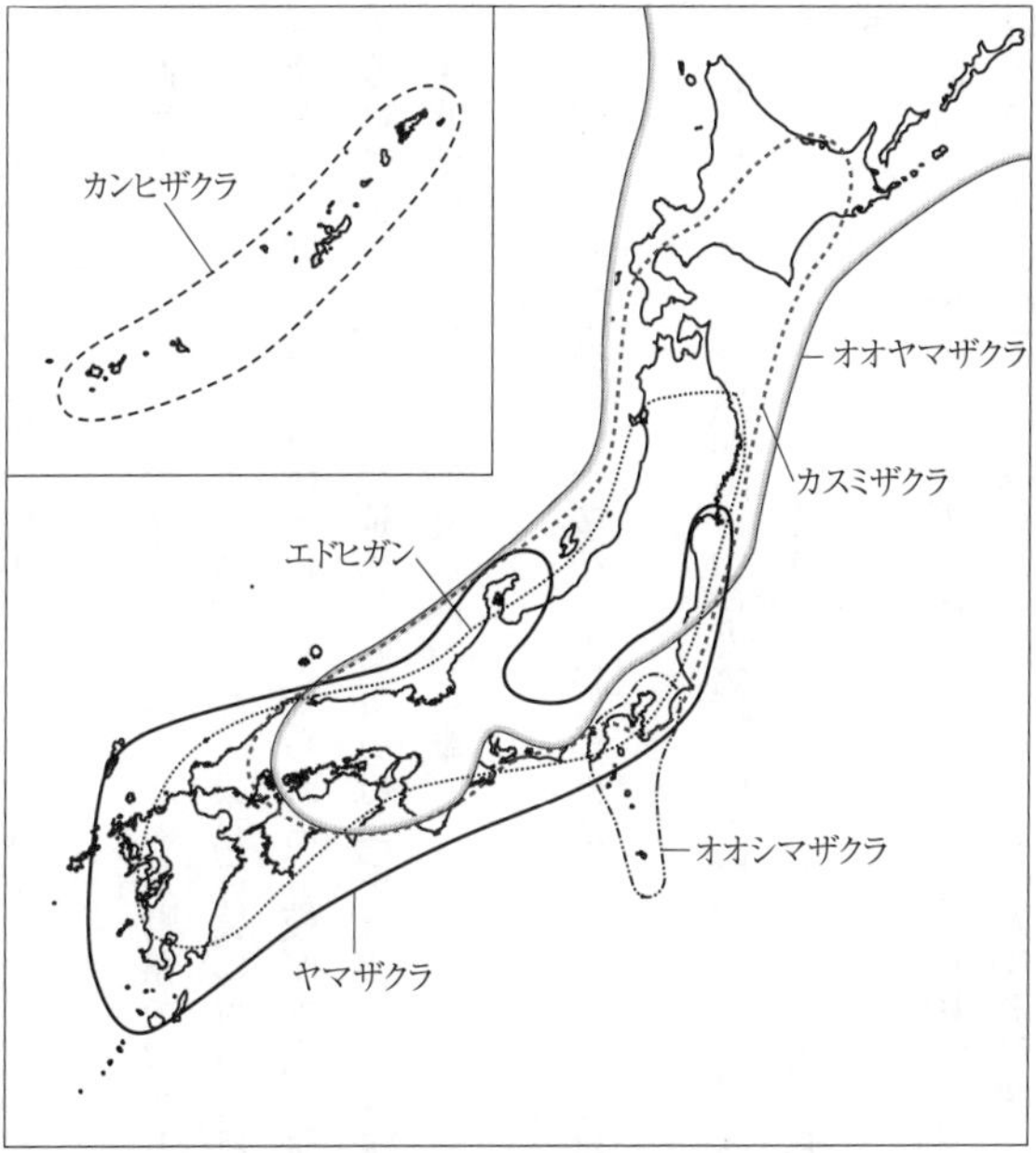

それぞれの地域の線引きは大まかなものである．オオヤマザクラは九州の高い山にも自生する．カンヒザクラは野生化したものという説もある．

図 I-1　自生種の分布

以南、日本海岸では新潟の糸魚川以南。内陸の長野県では、木曽川や天竜川沿いの南の方にかぎられる。東北や中部の少し寒い山野にはカスミザクラや紅色の濃いオオヤマザクラ、別名「紅山桜《べにやまざくら》」が多い。人里近くでもエドヒガンが主で、今でもヤマザクラをほとんど見ない土地がかなりある。

つまり、ソメイヨシノ以前には日本列島の

ほぼ全域を一つの種類の桜が覆うことはなかった。だから、本当は、人々が見ていた桜の姿も地域によってちがう。

近畿地方はやはりヤマザクラが多いが、長野県ではエドヒガンが目立つ。エドヒガンはソメイヨシノやヤマザクラよりやや早く、東京(江戸)付近ではお彼岸頃に咲く。長寿の樹が多く、種蒔きの時期を告げる桜としても知られる。枝が地面に垂れる糸桜や枝垂桜《シダレザクラ》はこのエドヒガンの変種である。有名な高遠《たかとお》のコヒガンはエドヒガンとマメザクラの雑種と考えられている。

東北地方になると、例えば西行の歌、

聞きもせず束稲山《たばしね》の桜花　吉野の外にかかるべしとは

で有名な、平泉の束稲山。『吾妻鏡』に旧暦の四~五月まで雪が残るとあるくらい寒い場所だから、これはヤマザクラではない。いくつか候補は考えられるが、一番有力なのはカスミザクラだろう。

西行はこの後に、「出羽の国に越えて、たきの山と申す山寺に侍《はべ》りけるに、桜の常よりも薄紅の色こき花にて、なみたてりけるを、寺の人々も見興じければ」という詞書《ことばがき》で、

たぐひなき思ひいではの桜かな　薄紅の花のにほひは

という歌も詠《よ》んでいる。色と場所からみて、これはオオヤマザクラだろう。「たきの山」は現在の山形市。西行が訪れたのは平安時代の終わり頃だが、当時ここには霊山寺という大寺院があったと伝えられている。

江戸時代になると、もう少しはっきりする。元禄年間にできた仙台の桜の名所、榴ヶ岡《つつじがおか》はエドヒガン系。角館《かくのだて》もエドヒガン系である。「ソメイヨシノ以前はヤマザクラが花見の対象だった」と書かれたりするが、東日本で記録に残っているのはエドヒガン系が多い。数百本単位で植えた事例もいくつかあり、エドヒガンの花見がふつうだったようだ。

江戸の桜

東京の周辺は少しこみいっている。

江戸時代の前、江戸が東京湾奥の小都市だった頃にも、もちろん桜は咲いていた。警視庁のある「桜田門」の「桜田」など、桜にまつわる旧い地名も残っている。その種類を特定する手がかりはないが、後代の資料から考えてエドヒガンとヤマザクラ、そして海沿いには潮風に強いオオシマザクラが多かったのではないか。

エドヒガンが本州北部から九州まで広く分布するのに対して、オオシマザクラは伊豆大島、相模湾沿いや東京湾沿いなど、南関東の温暖な土地に自生する。大きく濃い緑の葉の間に、大きな白い花をつける。最近はソメイヨシノ並木の間で咲く姿をしばしば見かけるので、見おぼえのある人もいるだろう。艶《あで》やかというより、爽《さわ》やかな桜である。匂いが強く、桜餅をつつむ葉にも使われる。

オオシマを観賞用に植えた事例は少ないといわれるが、大規模な並木がめずらしいだけで、樹自体はあちこちにある。鎌倉や江戸で作られた園芸品種の多くはオオシマ系統と考えられており、オオシマとほとんど形質が同じものもいくつかある。中尾佐助がいうように、南関東にはオオシマの花を見る習慣が昔からあったのだろう。

江戸幕府の八代将軍徳川吉宗がヤマザクラの愛好者だったこともあって、一八世紀以降はヤマザクラがふえるが、それでもヤマザクラ一色になったわけではない。

大田南畝《なんぽ》(蜀山人《しょくさんじん》)が寛政四年(一七九二)に「花見の日記」を書いている。江戸のあちこちに花見に出歩いた記録で、桜の種類がかなり確実にわかる貴重なものだが、これには「白桜」とよばれる一重咲き(花びらが五枚)の桜がよく出てくる。回数でいうと「白桜」が一八回、「山桜」は九回、「彼岸桜」と「糸桜」は五回と一〇回(『大田南畝全集　八巻』の白井文庫本による)。種類の名称では実は一番多い。上野や品川御殿山といった有名どころでも、もちろん咲いていた。

江戸時代の桜図鑑、松岡玄達の『櫻品《おうひん》』によると、「白桜」は「山桜に似て色潔白なり、単《ひとえ》にして弁広く丸し、茎葉ともに青し」。花は真っ白で一重、花弁が大きく丸い、葉と茎はともに緑。この特徴はオオシマザクラにちょうどあてはまる(口絵のカラー写真参照)。南畝も『櫻品』で見分けていたようだが、「日記」では花が小さめのや匂いの強いのも「白桜」と呼んでいる。今の上匂《ジョウニオイ》や新墨染《シンスミゾメ》などもふくめて、オオシマ系の一重桜を広く「白桜」と称していたのではなかろうか。隅田川堤(向島)の、桜餅で有名な長命寺の門前でも、南畝は「白桜」を見ている。

「花見の日記」には園芸品種の八重桜もたくさん顔をだす。また「彼岸桜」と「糸桜」はエドヒガンの系統である。だから、かりに南畝のいう「山桜」がすべて今のヤマザクラだとしても、回数は決して多くない。主にオオシマから作られた八重桜に、オオシマ系の「白桜」とエドヒガン系の一重、それにヤマザクラ系の一重が加わるというのが、当時の桜のありようだったのではないか。ヤマザクラは潮風に弱いせいか、他の桜を押しのけるほどではなかったようだ。

この頃の江戸には、上野や隅田川堤といった大がかりな名所だけでなく、各種の桜を数本から数十本ほど境内に植えて、花見の客を集める寺社があちこちにあった。今日の東京でも、その姿を残す場所はいくつかある。

一つは文京区白山の白山神社。今はアジサイで有名だが、江戸時代には「白旗桜」という桜で知られていた。八幡太郎源義家が戦さの際に旗をかけた、という伝説のある桜である。元の樹は国の天然記念物に指定されていたが、昭和の初めに枯れてしまい、現在あるのは二代目。春、境内をたずねると、葉の緑の間にあざやかな白い花をつけて迎えてくれる。並木ではなく、単独で咲いているので、一本一本の花と葉の色がくっきり映る。その色彩の対照《コントラスト》はソメイヨシノにない美しさである。

もう一つは渋谷区渋谷の金王《こんのう》八幡宮。ここには金王桜という桜の、植え継がれた何代目かがある。白山神社は本郷、駒込、巣鴨といった江戸情緒を残す街並みのなかにあるが、金王八幡宮は渋谷駅から歩いて五分、ビルの谷間に無言でたたずむ。

参道から本殿をみると、借景というにはあまりに巨大な高層ビルが後ろに突っ立っていて、なんともいえない気分にさせられるが、夜になると雰囲気は一変する。冷えて死んだビル群のなかで、神社の境内だけがひっそり息づいているのだ。私が初めてここを通りかかったのは冬の深夜だった。ビル街のなかを歩いていて急に空気がかわり、緊張したのをおぼえている。やがて神社が闇のなかから顔をだし、わけがわかって安心した。

境内にはソメイヨシノも集まって咲いているが、金王桜は白旗桜と同じく、本殿の横に一本ずつ離れて立っている。名前は源義朝(義家のひ孫で鎌倉初代将軍頼朝の父)の従者、金王丸にちなむもので、鎌倉の亀ケ谷《かめがやつ》から移植されたと伝えられる。

白旗桜はオオシマの系統で、金王桜は現在のものは系統不明だが(『山溪セレクション　日本の桜』川崎哲也解説)、江戸時代には大輪の白い花を咲かせていた。オオシマザクラは緑が明るい分、花の白さが際立つ。オオシマ系の園芸品種にも白い花を強調したものが多い。南畝の「白桜」がすべてオオシマ系だと断定しきれないとしても、その重要な一部だったと考えられる。

江戸にはそういう「白い桜」の伝統がある。源頼義・義家以来関東に地盤を築き、鎌倉幕府をつくった源氏の一統、いわゆる「武家の棟梁」の旗色も白だった。その白と白のつながりが義家や義朝にちなむ伝説を生みだしたのではなかろうか。少し気取った言い方をすれば、東京の「地霊《ゲニウス・ロキ》」を感じさせる桜である。

ソメイヨシノはすべてクローン

そんないろんな桜がここ百年くらいの間に、次第にソメイヨシノにとって代わられていった。それが「桜の春」の本当の姿なのである。

ソメイヨシノはオオシマザクラとエドヒガンの交配でできたと考えられているが、オオシマにもエドヒガンにもない性質がある。ソメイヨシノには種子から育った樹がない。すべて接木《つぎき》や挿木《さしき》による。すでにあるソメイヨシノの木の一部を切り取って、新たな樹に育てたものだ。

桜には自家不和合性といって、同じ樹のおしべとめしべの間では受粉できない性質がある。できた種《たね》には必ず別の樹の遺伝子がまざる。だから種から育てると(これを「実生《みしょう》」という)、元の樹とは同じものにはならない。それに対して、接木や挿木でふやせば、元の樹の形質をそのまま引き継ぐ。複製ができるわけだ。これを「クローン(栄養繁殖)」という。

日本の桜の八割を占めるソメイヨシノはすべてクローンなのである。このことも最近はかなり有名になって、ソメイヨシノの話にはちょくちょく顔を出す。クローン羊ドリーなど、遺伝子工学がらみで「クローン」がよく話題になるのも影響しているのだろう。「ソメイヨシノってクローン桜なんですよ」と人に話すと、「へえー」と驚かれるだけでなく、「なるほど……」

と妙に納得した声が戻ってくるのは面白い。

ただ、そこにはすでに微妙なずれがある。例えば、渋谷の金王桜の傍には区の教育委員会の掲示板があって、「代々実生により植え継がれてきた系統の確かな桜と考えられます」と書いてある。けれども、先ほどのべたように、「実生」＝種から育てた樹には必ず別の樹の遺伝子がまざる。代々種から育てたからこそ、今の金王桜は系統不明になったともいえる。私たちはつい「種だから正しい／クローンだからおかしい」と考えてしまうが、それはすでに桜を人間に見立てている。

ソメイヨシノにもそういう擬人化はつきまとう。例えば、「ソメイヨシノは一人ぽっち」という人がいる。たしかにソメイヨシノがつけた種子からは、決してソメイヨシノはできない。孤独な桜に思えるが、実はこれは名前のいたずらにすぎない。

ソメイヨシノにも種子はできるし、それが育てばソメイヨシノに似た桜になる。ただ、それは定義によってソメイヨシノとよばない。ソメイヨシノというのは品種の名前で、いわば特定の樹単位でつけられている。わかりやすくいえば、すでにあるソメイヨシノと同じ樹しかソメイヨシノとはよべない。それに対して、ヤマザクラやエドヒガンやオオシマザクラというのは自生種の種名で、いわば似通った樹々の総称である。

人間でいえば、ソメイヨシノは個人個人の名前、ヤマザクラなどは「モンゴロイド」などの集団の名称にあたる。例えば、今、この本を読んでいるあなたが別の人間と交配して子どもができても、それはあなたではない。「ソメイヨシノからは決してソメイヨシノができない」のも同じことだが、ついついそこに何か深い意味を見出してしまう。

その辺も桜らしいといえば桜らしい。人間の個体や血統がメタファーされたり、「クローン」や「自然」という言葉が本来の意味をこえて、記号として自己運動していく。これはこれだけでとても興味ぶかいテーマなので、後であらためて考えてみよう。

花見の時空

その辺はしばらくおくとして、ソメイヨシノがクローンでふえてきたのは事実である。つまり、形質をずっと変えずに広まってきた。日本中を一つのソメイヨシノが覆っているようなものだ。

くわしくみると、ソメイヨシノのなかにも咲く時期や葉の形状のちがう樹はある。岩崎文雄がいうように、最初にできたソメイヨシノは一本ではなかったのかもしれない（『染井吉野の江戸・染井発生説』）。だから本当は「一つ」とまではいいきれないが、膨大な数にのぼるにもかかわらず、樹の間のちがいがとても小さい。岩崎の観察でも、東京都内のソメイヨシノはほぼ一斉に開花する。

「桜の春」で多くの人はソメイヨシノを思いうかべるといったが、その春のイメージにもこのソメイヨシノの特性は深く関わっている。

例えば、イラストやアニメの映像ではあたり一面同じ桜色の並木がよく描かれるが、あれはソメイヨシノならではの景色である。花の色も咲く時期もほとんど同じだから、満開時に並木の下にたつと、視界すべてが花で満たされる。頭上も花、四方も花、そして足元にも落ちた花びらと、圧倒的な量感でせまってくる。並木には特に映える花である。

春の名物「開花宣言」や「桜前線」も、ソメイヨシノの咲き方と関係がふかい。気象庁では各地のソメイヨシノ(ただし奄美以南はカンヒザクラ、北海道中部以北はオオヤマザクラ)のなかに基準木を定めており、その樹で開花を判定する。例えば、東京の基準木は靖国神社の境内に三本あり、うち二本で花が開くと、「東京で桜が咲いた」という開花宣言がでる。その日づけを等高線にして、地図に描いたのが桜前線である。現在の「桜前線」のシステムは昭和二八年にはじまるが、原型は大正一四年(一九二五)にできている。

ソメイヨシノでなくても開花宣言はできるが、ずい分まぬけなものになってしまう。例えば

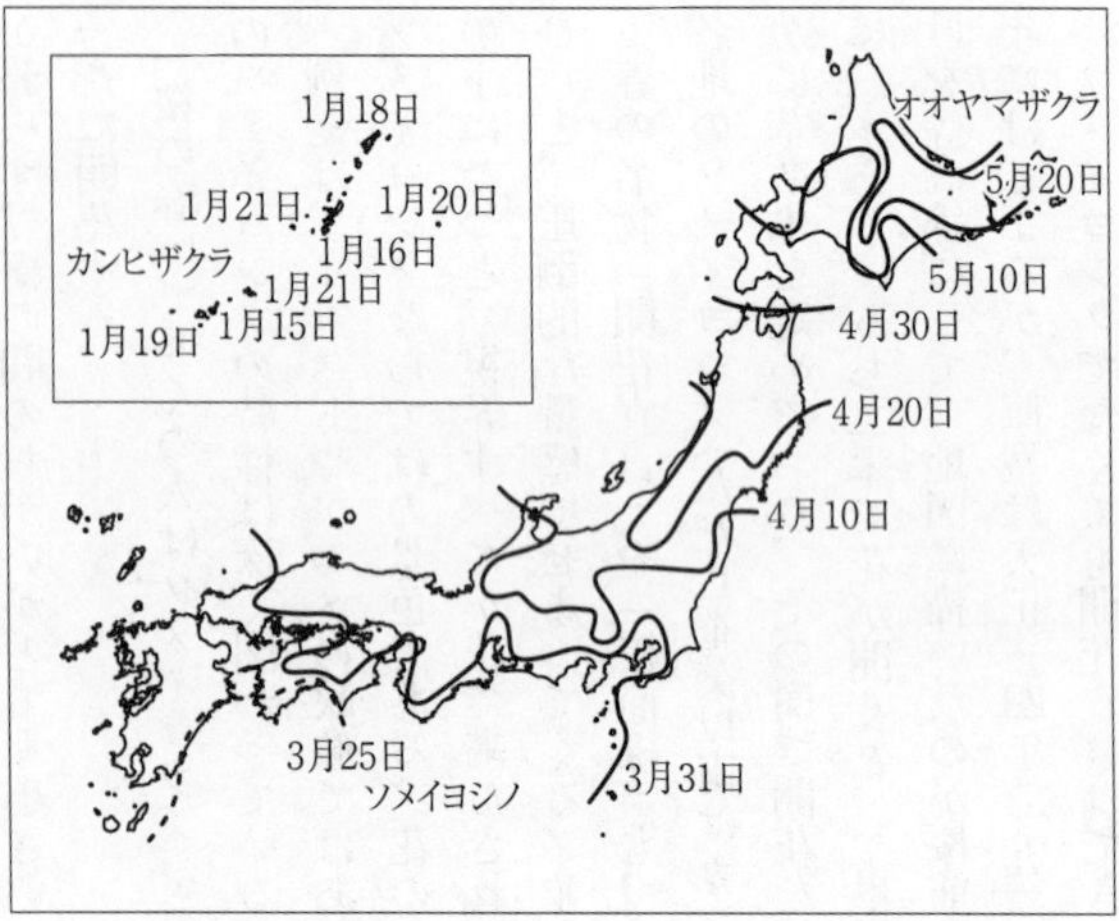

図 I-2　桜前線(1961～1990 年の平年値，気象庁)

ヤマザクラだと、十数本ぐらいでも十日前後、満開日がずれることがある。ソメイヨシノであれば、一本咲けば近辺のソメイヨシノはほぼ同時に咲く。だからTVのニュースにしゃすいし、視た人も「来週ぐらいが満開かな」とあたりがつけられる。一本一本の樹の個性を無視して、同じ春を共有できるのである。もう一つ、ソメイヨシノならではのことがある。花見のあり方だ。

ソメイヨシノは密集して植えると特に見映えがするが、その分、花の下の地面は狭くなる。もっと切実なのは時間だ。開花から満開までがほぼ七日、さらに咲き終わるまでが七日で、花のシーズンといえるのは十日間ぐらい。咲くタイミングは近隣でほぼ一致するから、一つの町や村で花見ができる期間も十日間になる。

だから、ソメイヨシノの花見は戦争じみてくる。空間も狭い、時間も狭い。希少な時空をめぐって争奪戦がくりひろげられる。時機をのがせばすべておしまい。いきおい狂おしくなるが、別の面から見れば、勝っても負けても十日間。それがすぎれば、それこそ憑《つ》き物《もの》がおちたように平常にもどれる。だからこそ、かんたんに狂おしくなれる。それがソメイヨシノの花見である。

ソメイヨシノが広まる前は、花見も今とはだいぶちがっていた。もちろんソメイヨシノの前といっても、ずい分長く、その間ずっと同じやり方で花見をしていたわけではない。よくいわれるのが「一本桜から群桜へ」の変化である。

一本桜というのは、寺社の境内などで一本ずつ咲く桜をいう。先ほどのべた白山の白旗桜や渋谷の金王桜のように、一本桜には「この桜は昔々……」という伝説が残っていることが多い。その伝説ごと花を愛でるのが一本桜の花見であった。

それが群桜、つまり多数の桜がならんで咲くのを見るようになる。この変化がいつおきたかについては、一七世紀後半とか一九世紀前半とかいわれているが、実際にはゆっくりと変わっていったようで、後でまたふれるが、東京でも戦前までは一本桜に近いものがかなり残っていた。

白幡洋三郎『花見と桜』によれば、新しい花見の姿は上野から生まれてくる。「一本ではなく群桜であること」「詩歌……などではなく飲食をともなっていること」「群集で行われること」という、群桜＋飲食＋群集の花見だ。

これが今日の花見につながってくるわけだが、現在と大きくちがう点が一つある。花見の期間である。例えば文政一〇年（一八二七）に出た『江戸名所花暦』は上野をこう紹介している。「上野……当山は東都第一の花の名所にして、彼岸桜より咲き出で一重・八重追々に咲きつづき、弥生の末まで花のたゆることなし」。江戸第一の桜の名所上野は、一ヶ月間ずっと花が絶えないことで知られていたのである。上野とならぶ江戸の三大名所、隅田川堤や飛鳥山でも花の期間は一ヶ月近くあったらしい。

もう一つ参考になるのは吉原。吉原の仲之町大通りには、毎年春の間だけ桜の樹が移植され、「満街花雲」とうたわれた。いかにも遊里らしい話だが、その桜は旧暦三月初めに植えられ、月末に抜き去られた。ここは八重桜が主で、「葉桜になりても人なお群集《ぐんじゅ》す」とあるから、咲いていたのは三週間ぐらいだろうが、ほぼ一ヶ月間花見を楽しんでいた。

貝原益軒《えきけん》の『花譜』にも「桜　ひとえ桜、春分の後花ひらく、彼岸桜より十日ばかり遅し、

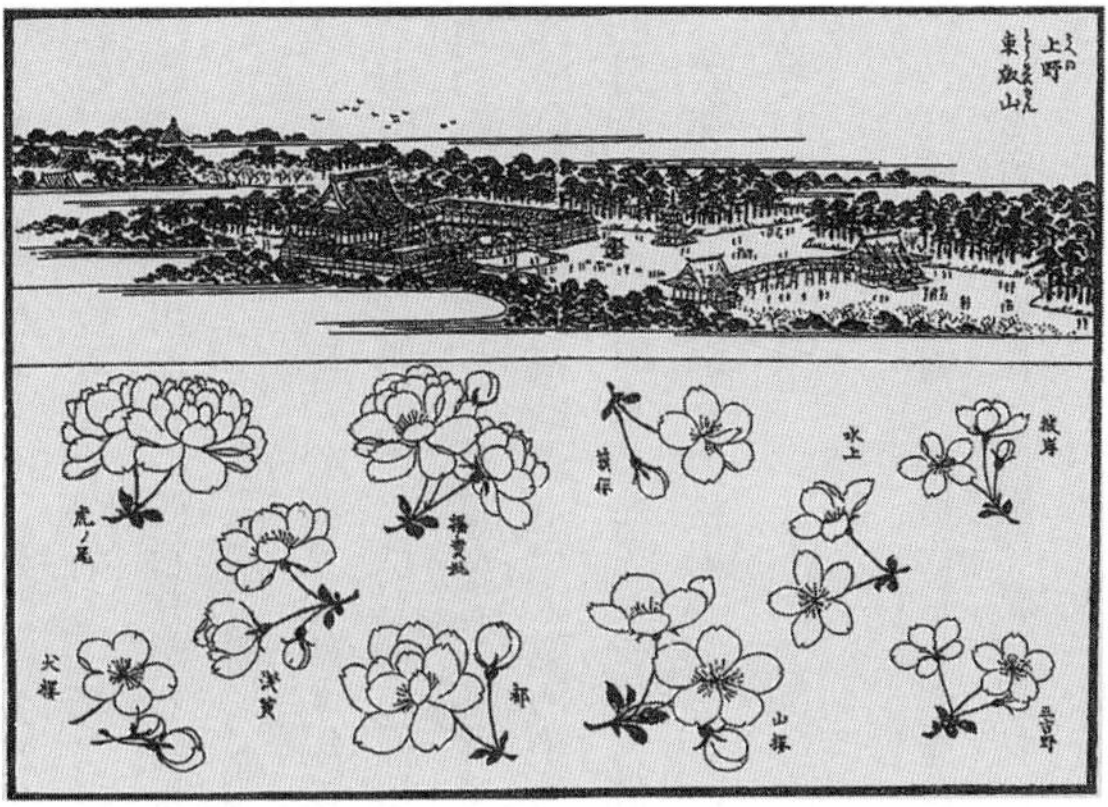

上野の桜のいろいろ(『江戸名所花暦』長谷川雪旦画より)

また八重桜にさきだつこと十日ばかりなり」とあるように、江戸時代には、桜の特徴はむしろ開花期がずれるところに見出されていた。『花譜』は二十種ちかくの桜を咲く順に並べており、開花の遅早や花期の連なりに関心をよせていたのがわかる。

多品種型と単品種型

息の長い花見は明治になっても絶えたわけではない。明治以降、東京の桜は次第にソメイヨシノで占められていくが、そのなかでソメイヨシノ以外を売り物にした名所が三ヶ所あった。一つは上野で、ここは明治の終わりまでエドヒガンとヤマザクラで有名だった。口絵に載せた明治二二年の幾英の錦絵にも、満開の桜の向こうには緑の樹がしっかり描かれている。もう一つは小金井。ここは江戸時代からヤマザクラの名所として知られる。そして最後の一つが「江北の桜」こと、荒川堤である。

この桜は荒川沿いに西新井から埼玉県境まで、約五キロにわたる。造られたのは明治一九年(一八八六)。江戸時代の園芸品種の保存に大きな役割をはたしたことで知られるが、もう一つ、ここは息の長い江戸の花見を残す場所でもあった。

山田孝雄《よしお》の『櫻史』では、桜の種類が多いので、散り終わろうとするのがあれば新たに咲き始めるのもあって、花期がとても長く、花盛りの季節には人々でごった返していた、と紹介されている。堤の桜は洪水や大気汚染のために昭和十年代初めには衰退していくが、その頃でも四月初めから五月初めまで、一ヶ月間が花見のシーズンになっていた。

吉原仲之町大通りの桜もつづいていた。明治四四年(一九一一)に出た若月紫蘭『東京年中行事』は、

桜は……方々から珍しいのを珍しいのをとさがして来て植える。今年の桜は、天の川、普賢桜、遅桜、南殿《なでん》、長州緋桜、虎の尾、車返し、大提灯、欝金桜《うこんざくら》など言う素人別にしてもおおよそ二十四種、本当に分けると百十種、総数三百五十株千余本もあって……。

と書いている。やはり品種の多さと珍しさが売り物だったようだ。「四月の十四、五日から二十日頃にかけて花はポツポツと妍《けん》を競い出す」とあるので、花期も少しずつずれるよう、工夫されていたのだろう。

実際、花期の長さや連なりは各地の名所の見所の一つになっていたし、邸宅の庭でもいくつかの品種を植えるのがふつうだった（龍居松之助「庭園木としての桜」『櫻』八号。雑誌『櫻』はⅡ章3参照）。南畝の「花見の日記」でも、ほとんどが多品種植えをしている。

新聞やTVがない時代、花の様子は自分の目で見るか、人伝てに聞くしかない。十日間しか咲かないような名所では、花見の客もろくろく集められない。その上、品種が多ければ、病害虫で全滅する危険も減らせる。つまり、経済的にも生態学的にも、多品種の名所の方が断然生き残りやすい。

それらを考えると、「群桜」といっても、多品種分散型と単品種集中型の二種類に分けた方がよさそうだ。明治になってソメイヨシノが拡がる前は、上野や隅田川堤など数百本単位で咲く場所でも、寺社の境内など数十本単位で咲く場所でも、多くは多品種分散型だった。それがソメイヨシノの拡大とともに、大部分がソメイヨシノで占められるという単品種集中型へ変わ

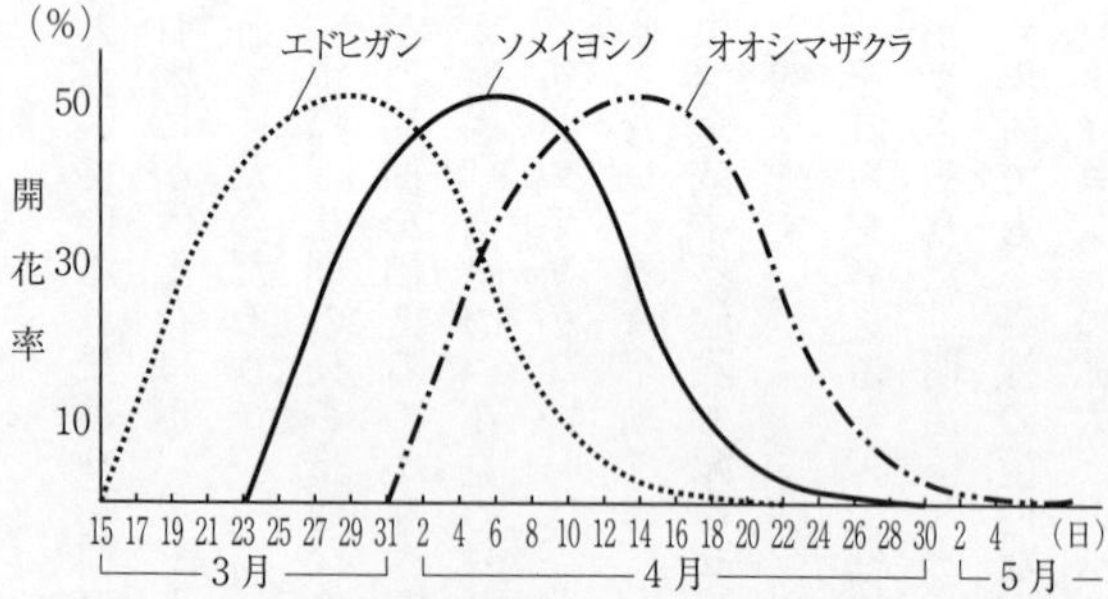

出典：岩崎文雄『染井吉野の江戸・染井発生説』

図I-3　ソメイヨシノ，エドヒガン，オオシマザクラの開花曲線(1989年，小石川植物園)

っていく。私たちになじみ深い桜や花見の姿は、同じ群桜でも単品種集中型なのである。

今も京都の平野神社など、多品種型を残す神社やお寺はある。東京の小石川植物園や新宿御苑、多摩森林科学園など、研究や産業振興のために多くの種類を集めている施設もある。そういう場所では花が見られる期間も長い。図I-3は小石川植物園での三種類の桜の化期を描いたものだ。オオシマにオオシマ系の八重桜、ソメイヨシノにヤマザクラを重ねれば、多品種植えの咲き方が想像つくだろう。オオシマ系もヤマザクラ系も個体差が大きいので、一本一本の樹単位でも花期はかなりばらつくが。

吉田兼好の花見

そんな目でみると、有名な『徒然草』の一節もちがった感じに読めてくる。

花はさかりに月はくまなきをのみ見るものかは。……たれこめて春のゆくへ知らぬも、なほあはれに情け深し。……春は家を立ち去らでも、……思へるこそ、いとたのもしう、をかしけれ。（桜の花は満開を、月は満月だけを見るというのもどうだろうか。……家の内にこもって春のすぎゆくのを知らないというのも、心をうち、情感ふかい。）

ソメイヨシノで考えると、これはちょうど嵐をやりすごす感じだ。町中の桜が一斉に咲き散っていくまでの十日間、世間の人々は桜に憑かれたように狂おしく騒ぎ、駆け回る。その間、ただ一人家に閉じこもり、見えない桜の花を心に想う。そんな姿が想像される。

『平家物語』桜町大納言の逸話に「桜は咲いて七箇日に散るを」とあるように、中世京都の桜も花期はふつう一週間ぐらいだったが、町にはさまざまな種類の桜があり、花が咲く一週間は少しずつちがう。ソメイヨシノの並木のように、すべての樹がその一週間を共有するわけではない。都市全体でみれば、花の波は激しく一気に通り過ぎるのではなく、もっとゆっくり始まり、ゆっくり終わっていた。

そう考えると、こんな姿も思いうかぶ。——家の内から、外を歩く人の話し声に耳をかたむけ、近くの桜が咲き散っていく様子を聞く。戸を開けると、花びらだけがそっと吹きこんできたかもしれない。そうやって花を思う一週間や十日がすぎて、その後に町に出ると、見知った桜はすでに散って、しらじらとした庭だけが残っている。だが、少し遠くまで歩いているうちに、見知らぬ桜の満開の姿に出会うことだってある。そんなとき、兼好の心にどんな気持ちがわきだしたか、想像するとなかなか楽しい。

あるいは、そんなことは先刻承知で、町中の桜が散り終わるまで、一週間ではなく一ヶ月近く、家にずっとこもっていたのかもしれない。外の話し声で、近所の桜が散り終わったのを聞きつけても、「まだまだ」「まだまだ」と我慢して、こもりつづける。そんな頑固なこだわり男の姿を想像するのも、いとをかし、である。

吉田兼好は世の流行に逆らって一重桜にこだわった人であった。

花は一重なる、よし。八重桜は、奈良の都にのみありけるを、このごろぞ、世に多くなり侍るなる。吉野の花、左近の桜、みな一重にてこそあれ。八重桜は異様《ことよう》のものなり。……植ゑずともありなん。遅桜、またすさまじ。（桜の花は一重がよい。八重桜は奈良の都だけにあったのに、最近、世の中にふえてきたそうだ。吉野の桜も、左近の桜もみな一重である。八重桜の姿は変だ。植えなくてもよい。遅咲きの桜も興ざめだ。）

独自の美意識といえなくもないが、さすがにここまでくると理屈が勝ちすぎた感じだ。この一重桜中心主義は後に独り歩きして、「日本の桜は本来……」という話の典拠になったりするが、「これこそが日本の桜」という考え方が昔からあったわけではない。中世の京都でもいろんな桜が愛好されていた。

例えば『枕草子』は「桜は花びらおほきに葉の色濃きが枝ほそくて咲きたる」をよしとしている。『源氏物語』「幻」では、紫の上が「外《ほか》の花は、一重散りて、八重咲く花桜盛り過ぎて、樺桜は開け、藤は遅れて色づきなどこそすめるを、その遅く疾《と》き花の心をよく分きて」と追想されている。貴族の邸宅では多品種植えはあたりまえで、さまざまな桜の種類や花期に通じていることは教養の一部でもあった。

そうしてみると、一本桜から群桜へ、というのも少し考え直した方がよさそうだ。京都では、江戸時代の前から多品種分散型がみられる。観賞用に桜を植えるようになれば、種類をふやして花期を長くするのはごく自然な発想である。ただそれには財力も必要で、そこまで豊かな団体や住人がいない町や村では、多品種植えをしたくてもできなかった。そんなところでは、寺社の境内などで一本桜を愛でていたのだろう。

江戸をはじめ、各地の旧城下町は関ヶ原の戦い以降の百年間で、都市化したところが多い。そういう歴史が「一本桜から群桜へ」という花見の転換を演出したのではないか。飛田範夫『日本庭園の植栽史』によれば、寛文四年(一六六四)の記録で、鷲の尾、普賢象、塩竈《しおがま》、楊貴妃といった名前の桜が、現在の物価水準になおすと、今とほぼ同じ値段で売り買いされている。都市の成長とともに、江戸でも多品種植えはかなり急速に広まったようだ。

ソメイヨシノ革命

印象的な事実をいくつか紹介したが、私たちのもつ桜のイメージがソメイヨシノに引っぱられたもので、時代的にもそう旧くないことがわかってもらえたと思う。

桜が咲くのは一週間なのか一ヶ月なのか、すべての樹が一斉に開き一斉に散っていくのか、そうでないのか。それだけで春の感じはだいぶかわってくる。桜の花の姿も、花見も、花見に行く人の姿も行かない人の姿もかわってくる。

その意味では、ソメイヨシノの出現をさかいにして、桜とは何か、桜を見るとは何かの感覚が大きく転換したように思える。

> さくらは、初花からほんの十日ほどで、花を終る。……
> 昔から人は、花の一日一日がどんなに貴いものか知り尽くしていて、さくらの美しさをたたえた。その十日の衣食住は、すべて咲く花にかかわりあるものとして詩歌に詠じ、一刻を惜しんだ。……
> 真昼の花盛りに樹下に彳《た》つと、一年がかりで花を咲かせたさくらの心が、悦びが、そのまま人の胸に染みてきて、生きもの同士の切ない共感をおぼえる。
> 花見という行事も、元来はそうした静謐《せいひつ》さを愛惜するところから、生まれたものではなかろうか。（永井龍男「真昼の桜」、昭和四七年、竹西寛子編『日本の名随筆65　桜』より）

桜語りのお手本のような端正な文章だが、もちろん、花見という行事は元来こうだったわけではない。次のⅡ章・Ⅲ章でみるように、ソメイヨシノが他の桜を圧倒し、桜といえばソメイヨシノとなったことで、こういう花の見方が育まれたのだ。

三月末から五月初めにかけて、九州から北海道南部までの多くの町や村をソメイヨシノの波が通り過ぎていく(図I－2参照)。おかげで、桜の花は卒業と入学、退社と入社など、退出と新入の儀礼を飾る絶好の風物詩となった。年度替わりとともに、顔見知りの幾人かが姿を消し、代わりに見知らぬ新人たちが現れる。そして葉桜の頃には、見慣れぬ光景がなじんだ光景となっている。そんな別れ方と出会い方に、ソメイヨシノは特によく似あう。

十日間で一斉に開き散っていく。その花はあらゆるものが一斉に姿をかえ、居場所をかえるさまを象徴するのにふさわしい。ソメイヨシノはいわば「革命《レボリューション》」の花である。いや、ソメイヨシノそのものが革命だったといった方がいいかもしれない。明治維新とともに表舞台に登場してきたこの桜は、やがて日本中を席巻し、日本の桜の八割を占めるまでになる。それにつれて桜と春の景色は変わっていった。そういう意味でもソメイヨシノという花は革命であった。

そこにはまるで日本の近代という時間が濃縮されているかのようだ。

2　想像の桜／現実のサクラ

花と名

ソメイヨシノによって春の姿は一変した、ソメイヨシノが桜を変えた……。

この花の歴史を知ると、そんな表現が自然にうかんでくる。「ソメイヨシノ革命」というのは一応私の造語だが、これも誰かがすでにいっているかもしれない。

しかし、本当に面白いのはその先である。この革命はたんに桜の歴史をぬりかえただけではない。むしろ、どのようにぬりかえたのか、そのぬりかえ方のほうがはるかに興味ぶかい。桜とは何か、もう少していねいにいうと、桜と私たち人間とが取り結んでいる関係が、そこから見えてくるからだ。

例えばこういうふうに考えてみれば、わかりやすいかもしれない。ソメイヨシノがそれほど革新的で、桜の歴史をかえるほどのものであったなら、なぜソメイヨシノは「桜」とよばれたのだろうか？　奇妙に思えるかもしれないが、これは重要な問いである。

もちろん植物学的には、ソメイヨシノは立派な桜である。学名は当初は *Prunus yedoensis*、現在ではいくつか説があるようだが、*Cerasus×yedoensis* 'Yedoensis' あたりか。けれども、それはあくまでも植物学の上での話で、桜を見るふつうの人には関係ない。ふつうの人にとって従来の桜と全く別物に見えたとしたら、その植物を「桜」とよぶ必要はない。

人間に身近な生物の世界では、そういうことはつねにおこりうる。

例えばハクサイ。鍋ものやお漬物の定番の、あのハクサイである。和食の代表的な食材と思われがちだが、ハクサイが日本に入ってきたのは明治になってからだ。板倉聖宣『白菜のなぞ』によると、明治八年(一八七五)に政府の勧業寮農務課の調査団が中国から持ちこんだ。その後、日清戦争で出征した兵士のなかでも評判になり、本格的な栽培がはじまる。ソメイヨシノと同じくらい新顔なのだ。

なぜハクサイが日本に渡って来れなかったのか。板倉は面白い推理を展開している。渡って来なかったのではなく、来たが長続きしなかったのではないか、というのである。

ハクサイの種をふつうの畑にまいて、育ったものから種をとる。その種を育てると、今度はハクサイとはちがう代物ができてしまう。勧業寮が輸入したハクサイの種も、二代目になるとほっくり丸まらないばかりか、緑がかった緑菜になってしまった。

原因は種のでき方にある。ハクサイはアブラナ科の植物で、桜が属するバラ科と同じく、自家不和合性がある。「S遺伝子」とよばれる遺伝子が同じ場合、花粉とめしべの間で種子ができないのだ(ハクサイと桜では「S遺伝子」のしくみがちがうが)。そのため、雑種ができやすい。

日本列島にはもともとアブラナやカブ、コマツナなど、ハクサイに近い植物が多い。その花粉がハクサイのめしべにつくと、できた種子はハクサイとは別のものになる。正体はハクサイカブ(笑)だったりするわけだ。それでも葉がハクサイで根がカブならいいが、日向康吉『菜の花からのたより』によれば、ハクサイとカブの雑種は葉がカブで根がハクサイになってしまう。これでは使えない……。

どうやってこの難問を解いたのか？　知りたい人は『白菜のなぞ』をどうぞ。何気なく食べているハクサイのありがたみがわかって、いっそう美味しく感じるだろう。

「桜」とよばれた理由

ハクサイもカブもコマツナも、花だけみるとほとんど区別できない。黄色いきれいなアブラナの花をつける。もし人間がその花に関心をむけていたら、「キバナ」とかなんとか雅《みやび》な名前をつけていたのではないか。学名はすべて *Brassica rapa* だから、分類学上はそうなっても全くおかしくない。

もちろん、現実にはそうならず、ハクサイとかカブとかコマツナとかよばれつづけた。それは人間の関心がもっぱら食べる箇所の形状にむけられていたからである(ハナナというのもあるが)。

桜の場合はどうだろうか。桜は観賞用だけでなく、堅い材質を活かして、彫刻や工芸品にもなる。実も食べられる。サクランボウである。今でも欧米では桜は果樹と見なされているくらいだが、日本語圏においては、人々の関心は圧倒的にその花に集中してきた。桜とは何よりもその花を見るものであり、花の色や形、咲く時期などが昔から注目されてきた。

例えば、古典文学に出ている桜が今のどの種類にあたるのか、議論されることもある。この種の名前当てゲームは楽しいが、あやういものになりやすい。江戸時代の本草学(中国や日本で独自に発達した植物の研究)ぐらいになれば話は別だが、昔の人の「見た目」と植物学の分類基準は必ずしも一致しない。それでもついやってしまうのは、花を手がかりに、その桜が何者であるか、知りたい気持ちが私たちの側にあるからだ。そのくらい桜は、花が命、である。

ここで先の疑問を思い出してほしい。なぜソメイヨシノは「桜」とよばれたのか？　極端な話、もしソメイヨシノの花が従来の桜のイメージを本当に吹き飛ばすようなものであれば、それは「桜」とはよばれなかったはずである。ところが実際には、ソメイヨシノは「桜」とよばれた。桜の一つでありつづけた。つまり、ソメイヨシノが桜の風景を変えたとしても、それは従来の桜のイメージを根底的に覆すものではなかったのである。

ソメイヨシノはたしかに従来にない新しい花だった。衝撃的な花だといっていい。だが、その新しさがどう受け取られたか、いいかえればどう衝撃的だったかについては、あらためて考えてみる必要がありそうだ。

ヨシノの由来

せっかくだから、名前にもう少しこだわってみよう。

「ソメイヨシノ(染井吉野)」という名は、二つの地名からできている。「染井《そめい》」は今の東京都豊島区駒込。ここはかつて染井村とよばれ、江戸後期から明治半ばごろまでは園芸業の一大拠点であった。「吉野《よしの》」はあの吉野、桜の名所として名高い吉野山の「よしの」からきている。

ソメイヨシノが学術的に同定されたのは明治二三年(一八九〇)、藤野寄命《きめい》による。この年、「ソメイヨシノ」と命名した彼の報告書が回覧された。学術雑誌に掲載されるのはそのさらに十年後、翌年に松村任三《じんぞう》が正式に新種として記載する。

藤野は明治一八年から上野公園の桜を調査していた。精養軒の前通りで分類学上知られていない樹をみつけ、園丁係りに尋ねた。すると、多くは染井あたりより来る、という返事だったので、真の吉野桜と区別して、仮にソメイヨシノと名づけたと、後で事情を書き残している。

「真の吉野桜と区別して」というのは、当時この桜が「吉野」「吉野桜」とよばれていたからである。先にのべたように吉野の桜はヤマザクラで、ソメイヨシノではないが、吉野桜という名はすでに広く浸透していた。それで「ヨシノ」を残したのだろう。吉野の「ヨシノ」ではなく、「染井のヨシノ」だと伝える意図があったのかもしれない。

「ソメイヨシノ」もなかなか音の響きがいいが、「吉野桜」はそれ以上に人々の心を誘うようで、今でもそうよばれているソメイヨシノが各地にある。ただ、「吉野」や「吉野桜」がすべてソメイヨシノかといえば、そうではない。ソメイヨシノ以外にもそうよばれた桜はいくつもあった。

江戸時代で最も旧い園芸書とされる『花壇綱目』には「よし野　中輪八重一重」とある。元禄八年(一六九五)に染井の園芸業者、三代目伊藤伊兵衛が編んだ『花壇地錦抄』では、「吉野　中輪ひとえ山桜共いふ、吉野より出るたねは花多く咲て見事」とある。一七世紀終わり頃の染井周辺では、一重のヤマザクラを「吉野」とよんでいたらしい。岐阜県関市の大野神社にはヤマザクラ系の「吉野桜」が今もあり、元禄年間に植えたものと伝えられている(石垣和義『岐阜県の桜』)。

大田南畝の「花見の日記」にも「吉野桜」がでてくるが、これはあの「白桜」。幕末近く、弘化四年(一八四七)の坂本浩雪『十二ヶ月桜花図』でも、「吉野」桜は花と葉ともに大きな姿で画かれている。これもソメイヨシノとは考えにくい。

「山桜」「吉野」両方でてくると、つい「山桜」がヤマザクラで「吉野」がソメイヨシノだと考えたくなるが、名称だけでは判断できない。「山桜」にしても、正徳二年(一七一二)に出版された『和漢三才図会』では「山桜　即チ彼岸桜之種類而花実共ニ小シ山中多有」とあり、これはエドヒガンにあたる。『櫻品』でも、山に多い、早めに咲く一重の桜をまとめて「山桜」とよぶ、とある。「山桜」にはもともと「山で咲く(ような)桜」という意味があり、ヤマザクラやヤマザクラ群だともかぎらない。

ソメイヨシノの起源をめぐっては現在もいくつか説があるが、有力な一つに岩崎文雄の江戸染井起源説がある。岩崎は一七三〇年ごろに人工交配でこの桜が作り出されたと推測している。岩崎説はなかなか説得力があるが、残念ながら、文献の言葉からは裏づけようがない。結局のところ、ある程度の確からしさでいえるのは、一七世紀以降のどこかの時点でソメイヨシノが出現し、いつの間にか「吉野桜」とよばれるようになった、ということだけである。

「名」の力

ソメイヨシノが「吉野桜」と名づけられたのは宣伝のためだといわれてきた。さまざまな起源説も、この点ではほぼ一致する。例えば荒川堤の桜を育てた一人、船津静作はメモにこう書き残している（岩崎文雄「ソメイヨシノの起源」『採集と飼育』四八(4)号より。なお表記は適宜現代語化した、〔 〕内は引用者の注記、以下同じ）。

伝え言う所によると大島桜を母として作り出したというが、その技術者は都下染井の戸花《ママ》伊藤某なる者で、この老橐駝《たくだ》〔＝園芸業者〕が数年の苦心をもって……新品を作り出し、これを売出しに際し吉野の桜と称して鬻《ひさ》いだ〔＝売った〕。

当時交通の開けざるれば吉野の花の美をのみ聞いて、未だその春を知らざる江戸の人士はこの花の妙なる色香に眩惑し、吉野の桜は此の如く美なるものかと、我も人もこの老橐駝……の猾手段に乗ぜらるを知らず争ってこの新品を購《あがな》い、庭園に栽培すると、たまたま関東一帯の地味気候がこの品種に適したので、たちまちにして大木となり、江戸天地は光り輝やくまでに咲き匂った。爾来、偽吉野は関東の地に蔓延し、従来の山桜の如きは片隅に圧伏せらるるに至った。

戦前の東京市公園課長で雑誌『櫻』の編集兼発行人、井下清もソメイヨシノが普及した理由の一つに、「吉野桜の名と明治初年に於ける宣伝が良かったこと」をあげている（「染井吉野桜」

『櫻』一七号)。

しかし、「騙《だま》された」「宣伝がよかった」というのは、事態の半面でしかない。売る側には売る側の企図が当然あっただろうが、買う側にはそれとは別に買う理由がある。吉野桜の名で広まったというのは、「吉野桜」として受け入れられたということでもある。ソメイヨシノには「これこそ吉野の桜だ!」と思わせる何かがあったのだ。

実際、前田曙山という人が『曙山園藝』(明治四四年)でこう書いている。

> 吉野の桜は普通の山桜にして、小金井の老樹と何ら選ぶ所がない、しかるに今のいわゆる吉野桜なるものが、普通の山桜よりすこぶる美しいのは一奇とすべきである……。

曙山は明治四年生まれ、明治三十年代から大正にかけて活躍した人気作家で、園芸の研究家としても知られる。『明治園藝史』にも著作が収められている。

実はこの人も「騙された」一人である。曙山は明治三六年に『草木栽培書』という本を出しているのだが、それには「吉野桜　は大和吉野山の一目千本の桜なり、山桜を砧《だい》として接ぐ、……上野飛鳥山の公園、墨田川堤など、皆此種なり」とある。「吉野桜」が吉野のヤマザクラの一種だと信じていたのだ。『園藝の友臨時増刊　さくら』にも、「花は桜、桜は山桜、山桜は吉野」などと、調子よく書いている。

その後で正体を知ったのだろう。『曙山園藝』では「吉野の桜」という項をわざわざもうけて、吉野の桜でないソメイヨシノの由来を詳しく載せている。

「伝え聞く所によれば、徳川氏の中世」、つまり江戸時代の中頃に、染井に腕のよい老園芸業者がいた。「この男が永年の丹精をこらして単弁《ひとえ》桜の新種を造り出したのが、今の上野向島にある吉野桜である」。

「この桜の命名に就いて、彼はすこぶる苦心したらしい」。昨今ならば、名をあげるために、自分の名前を冠してかえって新種の名花の興趣をそいだにちがいないが、「老花戸《ろうかこ》は人胆にも吉野桜と称した。しかもその新種を自家の捻出とは言わず、吉野山より取寄せたるものだと吹聴したのである。彼の商策は見事的中した」。

まるで見てきたような話ぶりである。曙山がどこからこの話を聞いてきたのかは、ソメイヨシノの起源ともからんで興味ぶかいが、今は「騙された」理由の方に注目したい。

当時交通機関の具備せざるおりから、歌に、詩に、はた人伝てに、吉野山の桜の美に憧憬しながら吉野山の花を見ない、名にのみ聞いて、予想のみ盛んであったから、この欠陥に乗じて、吉野桜と世を欺《あざむ》いて売出したのは実に策の至れるもので、天下の人気《じんき》は……これに集まり、ついに染井の一花戸が造れる変種は、自然を凌駕して、吉野山の名花になり遂せた。天一坊がご落胤《らくいん》で押通したのである。

最後の「天一坊」というのは、ヤマザクラ好きの八代将軍徳川吉宗の隠し子＝「ご落胤」だと名乗り出た人物である。吉宗は紀州藩（現在の和歌山県と三重県南部）の藩主から将軍家をついだが、その後、天一坊が現われて大騒動になった。

吉野山は紀州藩の領地の近くにある。ソメイヨシノを吉野山から来たと称したことを、天一坊が紀州藩主の血筋だと称したことにひっかけたのだ。

想像の美／現実の美

「吉野の桜」という名だけが広く知られて、人々の想像力をかきたてていた。だからこそ、吉野桜という商品名《ブランド》が見事にはまった、と曙山はいう。人気作家らしい発想だが、騙された当人の実感でもあろう。

吉野桜が普及する前に、「吉野の桜」という名が日本語の世界で普及していた。そういう名の地層、想像力の地層の上に、ソメイヨシノは根づき、広まっていったのである。現代風にいえば、書物や口づてといったメディアによる想像の拡大があり、その後に現実が遅れて出現した。ただ由来をごまかして売りつけたのではない。

「吉野桜」と名づければ、どんな桜でも同じように成功したわけではない。「吉野桜」とよばれた桜はほかにもあるし、「吉野から来た」という話なら、江戸時代の上野や榴ヶ岡の枝垂桜でもいわれている。何ら目新しい宣伝文句《キャッチフレーズ》ではない。「吉野の桜」で想像される具体的な中身に、ソメイヨシノはうまくはまった。その想像力の土壌に特に合った品種だったのである。

ソメイヨシノは密集して植えると特に映《は》える。これはソメイヨシノ嫌いをふくめて、多くの人が認める特性である。ソメイヨシノの出現以前に、花見の主流が群生した桜を見て楽しむ形にかわりつつあった。そして、吉野山は「下千本、中千本、上千本」といわれるように、たくさんの桜が集まって咲く場所として知れわたっていた。

その想像と現実の重層の上に、ソメイヨシノは花を咲かせた。曙山はこうつづける。

しかもこの花たるや、在来流布したる山桜の比ではない、淡紅英を舒《の》べ、瞟蘂芳《ひょうずいほう》を吐き、暁露玉をみがきて……、瀰望《びぼう》一抹、谷につらなり嶺にまたがり、遠山の霞と見紛うところ、妍英《けんえい》濫発天地皆紅の花と化すのである。この晴々しく潔よき花品は、さらぬだに驕奢豪懐《きょうしゃごうかい》なる江戸人士の喝采を博し、士民競うてこの吉野桜を邸宅に植えた。しかるに関東の地味は、特にこの新種に適して、成育すこぶる佳良なるため、我も我もこぞってこれを移植するに及んで、関東一円の桜はほとんどこの種ならざるはなく、もって今日に及んで益々旺盛になってきた。……紅霞燦然《こうかさんぜん》たる長堤十里の花がそれである。鑑賞花木の園芸的変種の成功として、吉野桜の如くなるは、前後全くない。

「吉野の桜」はなかった

この「吉野桜」と「吉野の桜」の関係は、別の角度からみてもなかなか面白い。吉野が想像上の名所だったのは、吉野桜に「騙された」人たちだけではない。「吉野の桜」は『古今和歌集』に初めて出てくるが、桜と吉野が強く結びつくのは西行と『新古今和歌集』以降、すなわち鎌倉時代からである。

吉野の桜は多くの歌や詩に詠まれたが、実際に見たとはかぎらない。西行のような人はむしろ例外で、「吉野の桜」を詠むのに吉野を見る必要はなかった。「吉野の桜」は現実のサクラを表わす言葉ではなく、一種の記号として使われ、語られてきた。それを実在する特定の桜に結びつけたがるのは、近代人の悪い癖である。

だから、その名声は現実の吉野山と必ずしも重ならない。江戸時代、吉野山はたしかに桜の名所だったが、幕末から明治初めにはすっかり衰微していた。吉野の桜は蔵王権現《ざおうごんげん》に桜を献木する風習からはじまったといわれる。これはどうも伝説らしいが、南北朝時代には有力者が千本単位で植える例が出てくるので、その頃には現在に近い植え方になっていたのだろう。いずれにしても、自然の景観ではなく、人手をかけないと維持できない人工的な空間であった(鳥越皓之『花をたずねて吉野山』など)。桜の植生からいっても、「うっそうとした天然林には、桜山とよべるような多くの桜が混生することはまずない」(谷本丈夫「万葉人がみた桜」、林業科学技術振興所編『桜をたのしむ』)。

山田孝雄は『櫻史』で、明治二九年(一八九六)初めて吉野山を訪れたときのことを、『古来名高き勝地なるに拘らず、その桜樹の如何にも若く、多くは古くとも二十年を過ぐるものにあらぬを見て大いに不審を抱き……」と回想している。ヤマザクラは花盛りになるまで三十～四十年かかる。山田が見た吉野は若々しいというより、寒々しい光景だったろう。吉野の桜が整備されるのは明治二十年代後半、県立公園に指定されてからである。昭和になっても「吉野山は若木が多いため感じの悪いのには驚いた」(副島八十六「櫻に就て」『櫻』一二号)といわれているくらいだ。

したがって、ソメイヨシノの拡大が始まる時期に「吉野山の名花」があったわけではない。上野や隅田川堤では明治の十年代にソメイヨシノが植えられており、神田川沿いの並木も明治十年代後半にはじまる。東京以外でも、埼玉県の熊谷や福島県郡山の開成山、青森県の弘前などに「吉野桜」が姿を見せる。

山田の回顧から逆算すると、ちょうどその頃に、現実の吉野山にもヤマザクラが植えられはじめたことになる。この時期自体注目されるが、当時の桜は植えた直後の若木で、「名花」とは到底いいがたい。見ていない人が騙されたというが、当時の誰にとっても、吉野の桜は想像上の桜だった。

もちろん、たとえ吉野で桜が現実に咲き誇っていたとしても、交通機関や映像メディアが発達していない時代、実物を目にできる人は少ない。だから、吉野の桜の不在と吉野桜の拡大とは直接関係ないが、桜への視線を考える上では重要な示唆をあたえてくれる。ソメイヨシノは「偽吉野」、つまり吉野の桜を詐称したと非難されてきたが、「吉野の桜」自体が語りのなかの存在であった。

わかりやすくいえば、そういう語りのなかのイメージに、ソメイヨシノの咲き方はうまくはまったのである。例えば、吉野山の形容に使われる「一目千本」を頭のなかで想像すると、一色の花がずっとつづく光景を思いうかべやすい。言葉にすれば、まさに「妍英濫発」「天地皆紅」「紅霞燦然」だし、もしも絵にしろといわれれば、多くの人が単色でべたーとひろがる、それこそ絵に画いたような桜色の雲にしてしまうのではなかろうか。

例えば、古島敏雄は『子供たちの大正時代』でこう回想している。

彩色は苦手であった。一本一本のクレオンの包紙に書いてある色名を確かめて塗るやり方をした。……この結果は「松は緑に花は紅に」という概念的着色になる。その調子で警察前の桜並木の満開を描いたのだが、当然桃色で画面を埋めることになる。

実はこのとき古島はソメイヨシノ並木を写生したのだが、ソメイヨシノ以上にソメイヨシノらしい桜を描いてしまったわけだ。

意地悪くいえば、大衆小説的想像力に合致する桜だといえるかもしれないが、私自身、記憶に残る桜の形容にはそういうものが多い。例えば、

咲みちて花より外の色もなし　（足利義政）

花の雲鐘は上野か浅草か　（松尾芭蕉）

などは有名だし、年長の方であれば藤田東湖『正気の歌』の一節、「発《ひら》いては万朶《ばんだ》の桜……衆《しゅう》芳《ほう》ともに儔《たぐ》ひ難し」を思い出すかもしれない。

これらの言辞《フレーズ》は二重の意味で興味ぶかい。

まず、ソメイヨシノを見慣れ、それが桜のあたりまえの姿だと信じている人には、これらは特にぴったりした表現に聞こえる。詩歌にあまり関心のない人々の記憶にも残りやすい。そうであることによって、そんな桜の景色が昔からずっとあり、みんながそういう「桜の春」を見てきたかのように誤解させてしまう。あの有名な西行の歌、「願はくは花の下にて春死なん　そのきさらぎの望月の頃」でも、多くの人はソメイヨシノの一斉に咲き散る光景を想像し

ているのではなかろうか。

ソメイヨシノが広まることによって、ソメイヨシノの咲き方に特にあう言説が選択的に記憶され、「昔からこうだった」と想像されるようになる。いわば想像が現実をなぞっているわけだが、義政や芭蕉や東湖の句はもう一つ重要な事実を教えてくれる。ソメイヨシノの出現以前に、ソメイヨシノが実現したような桜の景色を何人もが詠っていたのだ。この桜が現実にした光景は、想像の上ではすでに存在していた。桜の美しさの理想《イデア》として、もともと存在していたのである。

先にのべたように、ソメイヨシノが普及する前には、多くの種類を植えて花を長く楽しむ習慣があった。群桜でも、すべての桜が同時に咲き散っていたわけではない（図Ⅰ－3）。ある樹が咲いていても他のはまだ裸木に近い。あるいは満開の花のとなりに、すでに咲き終わり、若葉をまとう緑の桜があったりする。野山の桜だけでなく、人工的な桜の名所でも、花と緑は交じりあうのがふつうだった。

例えば一九世紀前半に出た『江戸名所図会』は、隅田川堤を「桃桜柳の三樹を殖えさせられければ、二月の末より弥生の末まで紅紫翠白枝を交えながら錦繡《きんしゅう》を晒《さら》すが如く」と描いている。緑の葉や枝と花の色は互いにひきたてあうよう、視覚的にも工夫されていた。

義政や芭蕉の句はその現実の上に、花色が一面につづく想像を重ね描きしたことになる。桜の樹は全体に花をまとうので、遠目に見ると、そこだけがぺたっと花色に映る。それを拡大複写する形で、視界いっぱいの花を想像したのだろうが、現実に単一の色彩で花がずっとつづく、つまり一面の花色に本当につつまれるようになったのは、ソメイヨシノを密集して植えるようになってからだ。

小石川植物園(2004年4月)

その意味で、この桜は桜の美しさの理想《イデア》の一つを実現したものでもある。Ⅱ章でくわしくみていくように、ソメイヨシノが普及した要因はいくつもあるが、その一つとして、この「一面の花色」という理想があげられる。先ほど想像が現実をなぞるとのべたが、もう半面では現実が想像をなぞってもいるのである。

絵に画いたような……

桜といえばすぐ思いうかぶ歴史上の人物に、「遠山の金さん」がいる。本名は遠山景元、桜の刺青をいれた町奉行として名高い。TVの時代劇で「この遠山桜が……」と片肌ぬぐ名場面を見た方も多いだろう。

TVの画面では、刺青の花はソメイヨシノっぽく見えるが、時代からみて「遠山桜」がソメイヨシノである可能性は低い。最近はこの辺にこだわる人もいるらしく、先日読んだ歴史小説には「山桜」にしてあった。その可能性ももちろんあるが、江戸で愛好されていたのはヤマザクラだけではない。「遊び人金さん」からすれば、吉原の八重桜の一つでもおかしくない。考えていくとなかなか楽しいが、本当は「あの桜の種類は何か」にこだわる方がおかしい。実在する特定の桜をモデルにしていたとはかぎらないからだ。むしろ絵に画いたような桜を彫ったとすれば、結果的に、今ある現実の桜のなかではソメイヨシノに一番近い、ということも十分ありうる。

ソメイヨシノにかぎらず、私たちの身の回りの「自然」にはそんな想像と現実の循環がつきまとうが、ソメイヨシノの歴史をたどる上では、これは特に困った問題をひきおこす。

ソメイヨシノが品種として同定されるのは明治二三年、正式な命名は明治三四年まで待たなくてはならない。いいかえれば、それ以前の記録からは「この桜はソメイヨシノだ」と完全には確定できない。「吉野」という商品名もソメイヨシノ出現以前からある。それがどの時点でソメイヨシノをさすものになったのか、文献から特定する術はない。

そうなると錦絵のような図像に頼りたくなる。たしかに錦絵をみると、ソメイヨシノらしい姿はたくさん出てくるが、何しろ「絵に画いたような」桜である。ソメイヨシノだからそう描いたのか、絵になるからそう描いたのか、ほとんど判別できない。ソメイヨシノの視覚的な特徴は、花だけがほぼ一色で樹全体を覆うところにある。ところが古島の回想にあるように、型通りの想像力で描いても、同じような図像になる。それどころか、ただの手抜きで色をつけてもこうなる。写実なのか、想像なのか、手抜きなのか、一本の樹単位では全く区別がつかないのだ。

東京銀座街日報社(小林清親画)

吉原仲之町の桜も、錦絵ではしばしばすべての樹が満開の姿で描かれる。何も知らない人がみれば、まるでソメイヨシノの並木に見えるだろう。もちろん、なかには判別できる場合もあって、例えば明治六年(一八七三)、東京の銀座に初めて街路樹を植えた際には、柳だけでなく、松や桜もまじっていた。その桜がソメイヨシノだったという説があるが、小林清親の『東京銀座街日報社』を見ると、二本の桜らしき樹があり、一本はほぼ満開だが、もう一本はもう葉桜にちかい。開花期がちがうので、ソメイヨシノ並木とは考えにくいが、だからといって、そのなかにソメイヨシノがなかったともいえない。結局「ある」とも「ない」ともいえないケースがほとんどなのだ。歴史学であれば「史料の限界」になるのだろうが、言葉と想像力の面からいうと、これはむしろ視線の臨界というべきだろう。明治二十年代半ばまでは、ソメイヨシノとそれ以外を厳密に区別する視線が存在しなかったのだ。

したがって、ソメイヨシノの歴史には、その始まりでどうしても空白ができてしまう。想像か現実か、虚構か事実かを明確に区別しがたい薄明りの時間が横たわる。その空白に後からさまざまな物語がはめこまれる。「よくできた話」「見てきたような話」「絵になる景色」が口から口へ、文字から文字へ、絵から絵へと伝播し、流布し、知識となっていく。もっともらしい話がいつのまにか事実に化けてしまう。

これは桜にかぎった話ではない。日本の桜とさまざまな点でよく似た花に、西欧のバラがある。バラも桜と同じバラ科で、交配によって多彩な品種がうみだされた。バラの場合、一九世紀半ばすぎに作られたものでも、記録類の七五%はいわゆる「お話」で、二〇%は偏見や脚色だともいわれる（大場秀章『バラの誕生』）。当時の西欧でさえ、そうだとしたら、幕末維新の混乱期に出現したソメイヨシノが説話の海をただようのも無理はない。

説話の宇宙

実際、船津静作のノートと『曙山園藝』が伝える話は奇妙なくらい似通っている。曙山の話の方がはるかにおしゃべりで劇化されているが、腕の良い老園芸業者の策略、交通機関の影響、土壌の適合、ヤマザクラの駆逐といった部品《パーツ》はほぼ一致している。おそらく元になった伝承を共有しているのだろう。

話の内容も事実とはいいがたい。「吉野桜」という商品名はすでにあったし、樹種の上でも、江戸にオオシマ系の一重桜が多かったとすれば、変り種ではあるが、全く新たなものとはいいがたい。自然にできたのか人工かはともかく、オオシマとエドヒガンの多い場所で雑種ができるのは、それほど驚くべきことではない。またII章でみるように、当時の庭園に競って植えられたというのは明らかに誇張である。

『曙山園藝』と同年に出た若月紫蘭『東京年中行事』では、一部ちがった版《ヴァージョン》を見ることができる。染井の植木屋、吉野の知名度を利用した、土壌に合った、のあたりは同じだが、

「吉野から種子を取ったものと言って売り出した」「今は交通の便が開けて……他国にも見られるようになった」といった細部や後日談が加わり、いっそうもっともらしくなっている。平成になってからも、これをそのまま事実として紹介した本があるくらいだ。

この伝承は今も成長中らしく、平成一二年(二〇〇〇)に出た『桜ブック 本当に桜のすべてが分かる』という本には、「〝……江戸時代の終わりから明治はじめにかけては交通が不便で、吉野山まで行って実際にその美しさを見ることは難しかった。そのため、東京に居ながらにして吉野の桜を見ることができるとして「吉野桜」として売り出した……〟という経緯があったといわれています」とある。船津も曙山も、交通の便がわるいから騙されたとはいっているが、「居ながらにして……として売り出した」とはいっていない。まるでTVの夜桜中継を思わせる文言で、とても現代っぽい感じがするのだが、一体誰がいっているのだろう?

明治の頃には、別の系統の伝承もあったようだ。大町桂月は『筆艸』(明治四二年)で「東京には、吉野桜と称するもの多し。……吉野桜とは、吉野山の桜の意に非ず。染井の植木屋なる吉野屋より出でたりとの事なり」と書いている。ヨシノは園芸業者の屋号、つまり業者が自分の名前をつけたことになるわけで、船津や曙山の話とは正反対になっている。

ソメイヨシノと人が取り結んでいる関係の不思議さが少しわかってもらえただろうか。品種の起源、つまり「どこから来たか」がよくわからないだけではない。名の由来、つまり「どう受け取られたのか」も、追いかけていくと、どこまでが事実でどこからが想像か、はっきりしなくなる。たんに信頼できる記録がないというより、この桜が受け入れられた背景にも現実と想像の循環があり、それが事実だけを記録することをむずかしくする。ソメイヨシノは幾重もの物語にくるまれているのである。

現存する最古のソメイヨシノは青森県の弘前公園にある。明治一五年（一八八二）に植えられたものだ。文献上はもう一つ、小石川植物園にあった老樹が知られている。これは戦前すでに「樹齢百年あまり」といわれていたが、戦災で焼けてしまった。その前になると、言葉の断片だけが残る。それらを適当につなげれば、一つの桜語りができあがる。そのなかに真実がふくまれる可能性はあるが、話全体としては、事実にちかいから説得力があるのか、もっともらしく聞こえるから説得力があるのか、判別できない。

もともと桜という花にはそういうところがある。言葉の堆積のなかにうずもれていくのだ。和歌の世界でも吉野を見ずに吉野が詠われた。歌の連なり、言葉の連なりのなかに桜は埋めこまれ、言葉とそれ以外を切り離せなくなる。その点では、ソメイヨシノ伝承の重層は桜の伝統を受け継いだものとさえいえるが、この桜には、現実と想像を区別しがたくさせる何かが特に強く働いているようだ。

ソメイヨシノは幕末から明治初めごろに、東京（江戸）の染井周辺から各地へ広まっていった。この桜の始まりに関して、確実にいえるのはその二点だけである。それに何かをつけくわえようとした瞬間、自分が説話の海のなかにいることに気づかされる。たとえそこで物語を禁欲しても、この二点は日本近代の時間的な原点（＝明治維新）と空間的な原点（＝東京）とものの見事に重なるがゆえに、いつのまにか別の起源の物語へ引き寄せられてしまう。これについては次のⅡ章でくわしくみていこう。

この桜のまわりには、自己複製していく説話の断片が分厚く取りまいている。それらは日本近代のさまざまな言説と交錯し共鳴しながら、過剰な意味をつくりだし、神話的な起源を編み上げていく。「生まれ」の物語という点では、「クローン」の記号化もその一つなのである。

理念《イデア》の重力

ソメイヨシノの「一面の花色」は、桜の美しさを極端な形で現実化したものだ。その意味で、ソメイヨシノはやはり理想的な桜であった。けれども、Ⅱ章でくわしくのべるように、「一面の花色」は桜の理想のあくまでも一つにすぎない。別の理想像をもつ人、いやそれ以上に、理想というものの多様さを直感できる人にとって、ソメイヨシノは美しさとともに、異様に歪曲《デフォルメ》された感じをいだかせる。その気持ち悪さもまた、この世のものならぬ妖《あや》しさという魅力をただよわせる。

ソメイヨシノという新たな桜が掻きたてた、そして今なお掻きたててくる感覚を、あえて単純化すれば、そんなふうにいえるのではないか。「イデオロギー」や「美意識」といった言葉では到底すくいとれない、幾重にも積み重なった言葉と想像力の地層の上に、この桜は根づいたのだ。

理想の一つであるにせよ、それが現実に出現した衝撃は大きい。実現した理想、現実化した想像力は、巨大なエネルギー＝質量が空間自体をねじまげていくように、もともと多様だった理想や想像力をその周囲に再配置していく。ただ一つの桜の美しさ、ただ一つの桜らしさが昔からずっとあったかのように、遠近法を再構成してしまう。

ソメイヨシノの春を昔からの春と思う人は、もちろんこの遠近法の内部にいる。同じ色彩で一斉に咲き、一斉に散ってゆくクローン桜の景色を、日本人がずっと見てきたかのように思いこんでしまう。そして、ついついその咲き姿にことよせて「日本人は昔から桜のように……」などと語ってしまうのである。日本古来の伝統、伝統的な桜と人との関係がそこで創造される。

あるいは、ことさらにソメイヨシノを嫌い、ヤマザクラへ回帰しようとする人もこの内部にいる。ソメイヨシノの普及以後の多くの人々にとって、桜とはソメイヨシノのことであり、ヤマザクラは後で知った新奇な桜である。それゆえ、その美しさに惹かれるのは伝統的な感性なのか、刺激を求めるCM的感性なのか、本来区別しえない。無理に区別を立てれば、別の形で伝統を創造してしまう。

例えば、こんな具合だ。

もともと染井吉野は、東京の染井の植木屋が明治五年(一八七二)に、大島桜に江戸彼岸を交配させてつくったといわれる園芸種である。近代の、人工の桜。江戸時代はもとより、日本の歴史に出てくる桜は、この染井吉野ではなくて、山桜である。

そのことを考えると、日本人の美意識も存外いい加減なものであると思う。桜、桜といいながら、私たちは結局、昔の日本人の桜とは違う「近代」の人工桜を桜だと思っているからだ。「近代」の人工桜には、古人の思ったような、本当の味わいがないのに、それを桜だと思っているのは滑稽としかいいようがない。

私にしても吉野へ来て見て、はじめて桜というものの本当の美しさがわかったような気

がする。（渡辺保『千本桜　花のない神話』、平成二年）

染井吉野の染井というのは東京の地名で、そこの植木職人が明治のころに山桜を交配して作り上げた人工種である。葉が混じらずに花だけ真っ白に咲くところが好まれて、日本中に広まった。これには日本人の「新品好み」や「潔癖症」もあるだろうが、じつはその時代の西欧的な頭の影響、人間による自然征服の自己満足みたいなものがあったのではないか。……

いや私は桜なら全部好きで、染井吉野のお花見も大好きだけど、しかしあの白い花だけを満開にさせる美しさというのは、やはり西洋好みではないのかと思う。それが広まったのは、西洋的趣味への追従もあったのではないか。葉を排除して花だけの満開を崇めるところに、どことなく分析的な、父性的合理主義というか、あるいは一神教的なニュアンスが感じられる。一方吉野の山桜の方は赤い葉が混じり、青い葉も混じり、ほかの木の緑も混じり、これが多神教的というとこじつけかもしれないけれど、清濁あわせ飲むような味わいの深さがあって、そこに母性的な縫い糸の多様さを感じてしまう。……ここの山桜を見ているとその気持が湧いてきてしまうのである。

やっと小学校以来の常識であった染井吉野の桜が、私の中で衰退し、代って山桜が復興してくるのを感じる。（赤瀬川原平『仙人の桜、俗人の桜』、平成五年）

起源と反起源の遠近法

桜をめぐる説話論的リアリティがよくわかる文章である。人工／自然、東京／吉野、近代（西欧）／日本、新しさ／旧さ、さらには一神教／多神教、父／母……。それぞれの二項対立が積み重ねられ、お互いにお互いを単純化し、物語ができあがる。二人の桜語りが紡ぐ言葉は、まるで教科書をなぞったように、見事に型にはまっている。

先にのべたように、そもそもソメイヨシノ以前には一種類の桜が列島を覆うことはなかった。東北地方では小さい花だけが先に咲くエドヒガンが目立っていたし、京都や江戸（東京）などの大都市では人工的に作られた八重桜が愛好され、花見も多品種分散型が多かった。Ⅱ章でみていくように、「ソメイヨシノ以前」をヤマザクラで代表させること自体、現在のソメイヨシノの姿を投影したもので、きつい言い方をすれば、ソメイヨシノ的感性の産物といえる。

だからこそ、ソメイヨシノ以後の私たちにはこの種の物語がもっともらしく聞こえる。それは植物学的起源さえ容易に捏造してしまう。

ソメイヨシノが明治五年に作られたという話はない。私の知る範囲で、ソメイヨシノの起源に関連して「明治五年」をあげた文献には、小清水卓二「吉野山の桜」(『吉野町史　下』、昭和四七年)と山田宗睦『花の文化史』(昭和五二年)がある。小清水は、ソメイヨシノは明治五年頃から名が拡まったと書いている。こういってもまちがいではないが、「明治五年」という年に特に根拠はない。山田の方は「明治五年、染井吉野と名づけられた」と書いている。これは明らかにまちがいだが、「作られた」とまではいっていない。

もちろん、ソメイヨシノをヤマザクラの交配とする説もない。けれども、この図式の筋書きのなかでは、近代になってできたとか、ヤマザクラの人工的改変だとか位置づける方が落ちつきがよい。文字通り、話になる。

そして「復興」。たとえ人工／自然、東京／吉野……という図式がすべて正しいとしても、それは語り手が新たにえた知識と感性であって、もともともっていたわけではない。たとえ明治初めにヤマザクラの衰退を嘆いた人が同じ気持ちだったとしても、それが例えば「私の中で……復興」したとはいえないはずだ。けれども、実にあっさり、あっけなく語り手はそういってしまう。そうやって自らを物語のなかへ編み入れていく。

皮肉ではない。私自身、桜のことを少し知るようになって、何度同じようなことを考えたことか。ただ、これほどきれいな文章が書けず、人目に触れなかっただけだ。そう思うと、正直、桜について何か語るのが本当にこわくなる。むろん今この瞬間も、説話の宇宙の外にいる保証はない。保証しようとすれば、それによって別の物語を生産するだけだ。

だから、ソメイヨシノやヤマザクラに伝統を見る人だけでなく、断絶を強調する人もまた、この遠近法から自由ではありえない。そうすることで、ソメイヨシノが実現した桜への感性が消去される。「伝統がない」という新たな伝統がそこで創造されてしまう。ないことがあることになり、あることがないことになる。それは遠近法の二つの側面であり、始まりを司る神ヤヌスの二つの顔である。

起源と反起源の遠近法。「近代」という時間と社会の了解は、どこかどうしようもなく、そういう視座を人々にいだかせる。いくつもの起源を同時に創造し、何重にも歴史の物語を派生させていく衝撃。「革命」とは本来そういうものなのかもしれない。

ソメイヨシノ革命。私たちは今もそのなかにいる。それはもろもろの説話や伝承をふくめて、私たち自身の物語なのである。

Ⅱ　起源への旅

1　九段と染井

明治三年のソメイヨシノ

幕末から明治初めのある時期、ソメイヨシノは染井を出て、やがて日本列島各地へ、さらには東アジアへと拡がっていく。薄明りのなかのその姿はとりわけおぼろげだが、それどもいくつか印象的な痕跡をこの桜は残している。

例えば東京都千代田区九段、靖国神社。ここにもその一つを見ることができる。

地下鉄の駅を降りて九段坂をのぼっていくと、皇居のお濠端《ほりばた》に見事な桜並木が連なる。坂をのぼりきったところに神社はある。満開の時分の境内は特ににぎやかだ。行きかう人でごった返すなか、黄や赤の原色で彩られた屋台が店をひろげる。

門標をすぎて外苑の敷地にはいると、広い参道の両側に桜の大木が並んで咲いている。樹の下には、青や白のビニールが敷きつめられ、ほろ酔い気分の人々がわいわい騒ぐ。新聞や本でしか靖国神社を知らなかった人には、意外な光景かもしれない。まるで近所の盛り場の花見を見ている感じがするからだ。

それでも神門をくぐり内苑に入ると、だいぶ落ち着く。人の多さにかわりはないが、さすがに騒ぐ声はしない。何より桜が多い。特に拝殿前の参道横から能楽堂の前あたりは、ちょっとした桜の森という感じだ。枝をひろげた古木や背の低い若木が、人の頭のすぐ上で花をつけている。なかに入って見上げると、どの方向も花でいっぱいだ。桜のなかに自分がつつまれる。どこか深いなつかしさを感じさせる空間である。

参道の傍らには「東京に春を告げる「靖国の桜」」という掲示板が、桜色に縁取られて立っている。そこには「東京における染井吉野の開花基準木が、靖国神社の境内に三本あります」という紹介と「境内の桜は一〇〇〇本を数え、染井吉野約六〇〇本、山桜約三五〇本が中心で……」という解説にはさまれて、その由来が書かれている。

> 靖国神社と桜の縁は古く、明治三年維新の元勲木戸孝允公によって神苑内に染井吉野が植えられたのがはじめです。

これが正しいとすれば、最も古いソメイヨシノの記録の一つである。染井を出たソメイヨシノが残した最初の足跡。

靖国神社は明治二年、戊辰戦争の官軍側戦没者の霊を祀るために建てられた。その当時は「東京招魂社」とよばれていた。I章でのべたように、現存最古のソメイヨシノは弘前公園にある。靖国神社の境内には明治三年に植えられた樹はないが、記録としては断然旧い。ソメイヨシノの歴史を考えれば、これは象徴的な旧さである。

明治以降の桜語りには必ずでてくる主題がある。ナショナリティとの関連だ。近代的な諸制度の導入とともに、桜も「国花」、つまり日本を象徴する花にされていく。ここでいう「ナショナリティ」は政治的なものにかぎらない。日本という同一性《アイデンティティ》を強く感じさせる何かであればよい。

靖国の桜は今も日本の空間的な原点として語られる。境内のソメイヨシノが花を開けば、「東京の桜が咲いた」というニュースが全国に流れ、春本番の到来を告げる。ソメイヨシノは日本列島どこでも同じ時期に咲くわけではないし、東京でもすべての桜がソメイヨシノと同時に咲くわけではない。それでも、年度替わりの風物詩には、ナショナリズムに反発する人もつい桜を思いうかべる。

「ナショナリティ」とか「同一性《アイデンティティ》」とは、根源的にはそういうものなのだろう。何かを区切ろうとする働き自体がうみだす磁場、といえばいいだろうか。靖国神社の桜は今もその磁場のまっただ中に立っている。

そこにはソメイヨシノの歴史も深く関わっている。桜はもともと属内の変異が大きく、種類によって花期が一ヶ月以上ずれる。咲く姿も葉の出方もことなる。同じヤマザクラで同じく古典文学上の名所である吉野山と茨城県の桜川でさえ、吉野山の花はより白く、桜川の花はより赤い。それをどこでも単一の時と色にしていったのは、ソメイヨシノの拡大である。

春とともに咲く桜という樹があり、その多くをソメイヨシノという単一の品種が占める。土地によって早い遅いはあるが、ほとんどの人がほぼ「同じ春」の景色を経験する。だからこそ、開花宣言という形で春をことさらに共有する習慣が自然に受け入れられる。

そのソメイヨシノが最初に姿を現すのが靖国神社だとすれば、靖国のソメイヨシノは日本近代の空間的な原点であるだけでなく、時間的な原点でもあることになる。靖国神社の境内から日本全国へと、それこそクローンのように、同じソメイヨシノの景観が複製されていった。それは一つの国家、一つの軍隊、一つの学校システムをつくりあげた明治の日本に最もふさわしい光景かもしれない。

「明治三年のソメイヨシノ」――ソメイヨシノの時空と日本近代の時空はここでも不思議な

交錯を見せる。

東京のなかでいえば、靖国神社は上野や隅田川堤につづく桜の名所というだけではない。江戸が「東京」になって最初にできた名所であり、かつ現存する唯一の明治生まれの大きな名所である。I章でふれた神田川や荒川堤の桜は昭和十年代には消滅する。今も残っているのは、靖国神社とその周辺だけだ。

その境内に、いわば最古のソメイヨシノがあった。とすれば、それは文字通り日本近代とともに歩んだ桜といえる。

三つの年代

まさに「よくできた話」だが、これで終わりにならないのがソメイヨシノの不思議さ、というか面白さである。

実は靖国神社の桜には全く別の証言がある。田山花袋が『東京の三十年』でこんなことを書いているのだ。

……春の祭祀の時は、兄はいつも一日役所を休んで、そして袴をつけてそこにお詣《まい》りに行った。

　その頃は境内はまだ淋しかった。桜の木も栽えたばかりで小さく、大村の銅像がぽっつり立っているばかりで、大きい鉄の華表《とりい》もいやに図抜けて不調和に見えた。


「大村」というのは日本陸軍の建設者、大村益次郎である。東京招魂社の創建をとりしきった人物でもある。大村の銅像は明治二六年(一八九三)に建てられた。したがって、「桜の木も栽えたばかり」は明治二十年代後半にあたる。花袋の父親は西南戦争で亡くなり、靖国神社に祀られていた。彼にとってここは特別な愛着のある場所であり、その証言は信頼できる。

　ソメイヨシノは成長が速い。ほぼ十年でそれなりに花をつけ、二十年で花盛りをむかえる。明治三年に植えられたのなら、ごく幼い苗木だったとしても、明治二六年頃にはまさに花盛り。爛漫と咲いているはずである。

　桜の年代に関しては、さらにもう一つ重要な証言がある。山田孝雄『櫻史』に「靖国神社の境内また桜の一名勝地たるが、これは明治十二年頃より植え付けたるものといい……(室田老樹斎の調査)」とある。『櫻史』は桜の人文学の名著として今もこえるものがないが、引用されている室田の調査というのが、またすさまじい。

これは十年かけて東京各地の桜を一本一本（！）数えてランキングしたもので、「震災後に於ける東京府内の桜」（『櫻』七号）にまとめられている。そのなかで「第十三　靖国神社境内　五百五十本」の後に、「明治十二三年頃より植付らるるという」と付記されている。伝聞形なので、何かの記録で確認したわけではなさそうだが、室田は桜の古樹の年代鑑定が得意で、「老樹斎」と名乗ったほどの人である。年代の記載には何らかの根拠があったのだろう。

桜は建造物とちがい、一度つくったら数十年間そのままというわけではない。植え替えや植え増しはつねにある。だから植えた時期にある程度幅ができるのはしかたないが、明治三年、明治一二年、明治二六年と、二十年ものずれは大きい。まして東京のど真ん中、多くの人の目にふれる靖国神社である。かなり奇妙な事態だといわざるをえない。

どうやらここにも何重かの視線がからまりあっているようだ。靖国神社の桜ははたしていつ、どのようにしてできあがったのだろうか。その謎を糸口にして、桜語りの地層に少しもぐってみよう。

創建当時の境内

まず、招魂社の創建直後から桜は境内にあったらしい。神社側で編まれた『靖國神社誌』（明治四四年)をみると、「神苑」の項に「明治二年本社創建の設計書によるに、梅林、松林、桜林等あり。また花壇あり」とある。当初から、境内に桜の林をつくる計画になっていた。

『神社誌』に収められた「明治二年六月十三日軍務官ヨリ行政官へ差出書」には、予定物を四つに分類し、神社をまず建て、「花壇」「梅園」「本社其外《そのほか》」は「漸々年ヲ経候ヲ取行候」、つまり数年かけてだんだん整備していくとある。実際、社殿は当初、わずか一週間でつくられた板葺《いたぶ》きの仮宮だった。本格的な社殿は明治五年、鳥居は翌六年にできる。桜も少しずつ植えられていったのだろう。『ファー・イースト』の写真でも仮宮の周囲は閑散としている。

文書にあげられた順番も興味ぶかい。梅と松と桜と花壇のうち、「差出書」に特記されているのは花壇と梅園の二つ。松と桜は「其外」だったとすれば、花壇と梅が主な植栽だったと考えられる。ごく短い文なので読み方はいくつかあるだろうが、少なくとも桜が中心だったとはいいがたい。

「九段の桜」という言葉があるように、昭和以降に生まれた人にとってこの境内と桜は強く結びついているのだが、創建当初は必ずしもそうではなかったようだ。

桜にかぎらず、招魂社時代の境内は現在の靖国神社のイメージとはかなりことなる。坪内祐三の『靖国』を読むと、その当時の姿がよくわかる。例えば、大鳥居と拝門の間には現在も長方形の広い敷地があり、花見のときにはわいわいと浮かれ騒ぐ場所になっている。ここはもとは競馬場であった。明治四年から三一年まで例大祭には競馬が催され、相撲や花火とともに祭りを彩る一大「余興」になっていた。当時の新聞や本にも「競馬、相撲、花火」の組み合わせでよく出てくる。

招魂社の境内は、ちょうど西欧的な公園と江戸の盛り場をあわせたような空間だったのである。今でもその雰囲気は残っている。私もそうだが、旧い神社が好きな人間にとって、靖国神社には正直面食らうところがある。鉄や石が目立ち、見通しがやたらよい。東京でも旧い神社の周りは近代的な道路網とは別種の空間になっているが、この神社だけは周りの道路と全く違和感がない。

田山花袋はここを「九段の公園」とよんでいるが、まさにそんな感じで、明治になって公園化された上野を思わせるところが多い。上野とちがうのは、むしろ桜が最初から目立っていたわけではないことだ。

明治七年(一八七四)に出た服部誠一の『東京新繁昌記　初編』はこう書いている。

阪の両側花木数百株を栽え、錦繡馥郁《ふくいく》……その間また石燈籠十箇並べ……阪頂に到れば

すなわち平面広闊《こうかつ》、もって群霊を招くべし。(原文は漢文)

『東京新繁昌記』は東京ガイドブックの走りにあたる本で、当時としてはかなりのベストセラーになった。美文調の文章だが、説話論的に読んだとしても二つの空間が見てとれる。坂の途中には花木が植えられ、景色も香りも楽しめる。坂の頂は広い開放空間《オープン・スペース》で多くの霊が招かれる。花木と招霊はちがった空間にわりふられ、桜が特別な位置を占めているわけでもない。

岡部啓五郎『東京名勝図会』(明治一〇年)になると、もう少し桜が鮮明になる。

社前は平面広闊にして、数十の玻瓈灯《ランプ》、一条《すじ》の賽神路《さんけいみち》を夾《はさ》み、同所両側は競馬場にて、数十株《しゅ》の桜花《さくら》を栽えたり。この地は最高の丘にて、一目都下を望むべし。……坂の左右、また数十株の桜花を植え、無比の勝地となれり。

坂の上／坂の途中という空間構成は同じだが、どちらにも桜が登場してくる。本数はともに数十本単位だ。「平面広闊」「ランプ」「競馬」という事物《アイテム》は『東京新繁昌記』と共通しており、最新《モダン》な西欧風空間とされていたのがわかる。

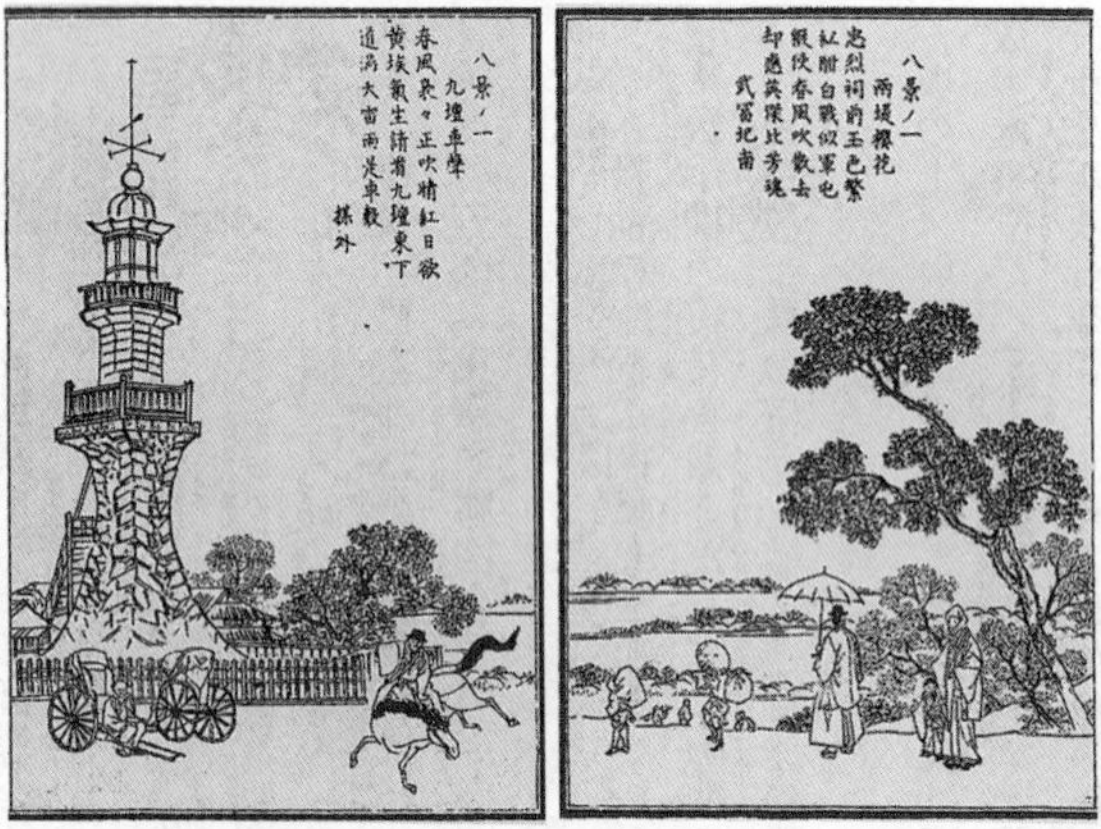

「雨堤の桜花」(『東京名勝図会』挿絵より)

『東京名勝図会』には九段坂上の挿絵もある。「雨堤の桜花」という題で「忠烈の祠前玉色繁《しげ》し紅酣《こうかん》白戦軍屯に似たり　たとい春風の吹き散じ去るも　かえってまさに英傑芳魂《ほうこん》に比すべし」という漢詩がついている。坂の桜と死者の魂が重ねられているが、「吹き散じ去る」と「英傑芳魂」は逆接で結ばれており、いさぎよく散る桜というイメージではない。

明治五～六年の錦絵、三代目安藤広重の『富士見町招魂社燈籠』(『東京名所錦絵展　錦絵に見る靖國神社のあけぼの』図録に収載)にも鳥居の向こう、現在の内苑に桜並木が描かれている。図録に「最も古い社頭図かと思われる」とあるように、ある程度信頼できる図像としては、これが最古のものだろう。『武江年表』続編の記事とも一致する。

ソメイヨシノ説の典拠

これらの桜はソメイヨシノだったのだろうか。Ⅰ章でのべたように、明治二十年代半ばまではソメイヨシノと他の桜を厳密に区別する視線はないが、推測する手がかりはいくつか残されている。

一つは第二次大戦中に出版された大村益次郎の伝記『大村益次郎』(昭和一九年)である。この本は「靖国神社と桜樹」という章を設けて、中島佐衛(元長州藩海軍局総管・中島四郎)の夫人茂子の話を載せている。

今の靖国神社の境内にある桜樹のことであります。その桜樹は木戸孝允公が、染井……から、移し植えさせられたのが、最初と思います。染井には昔から公の御別荘を始め、その附近にも大小多くの桜樹がありまして、年々にその苗木を靖国神社の境内へ植えさせられた時には、私にも手伝を御命じになったことを、今によく記憶しています。その後には追々と他からも桜樹を植えまして、遂に今日の如く境内は桜林となりましたが、公の染井から栽えさせられたのが、初めと存じます。

この話からみても、やはり桜は少しずつふえていったようだ。

もう一つは、昭和二年(一九二七)に出た木戸孝允の正伝『松菊木戸公伝』である。このなかに「東京靖国神社の境内に染井別墅《べっしょ》の桜樹を移植せる」と書かれている。『大村益次郎』には、境内の桜をめぐってさまざまな伝承が流れているとあるが、木戸家周辺では、木戸が植えたことは公知の事実だったらしい。

「明治三年に木戸孝允がソメイヨシノを植えた」という話はここから来たのだろうが、「染井」だけでソメイヨシノだと断定することはできない。当時の染井は一大園芸産地で、さまざまな種類の桜を売っていた。例えば、福島の開成山公園の桜は明治一二年に染井の「幸吉」から苗を購入したものだが、エドヒガンやヤマザクラのほか、いろいろな園芸品種もあった。染井の桜だからといってソメイヨシノとはかぎらない。

となると、焦点になるのは木戸の別荘にソメイヨシノがあったかどうかである。例えば『木戸日記』明治四年二月二二日(旧暦)には「染井に至る。満庭の桜花七八分綻《ほころ》び風光尤佳」とある。桜はかなりあったようだが、当初そのなかにソメイヨシノはなかったと考えられる。

小澤圭次郎の『明治庭園記』(大正四年、『明治園藝史』収載)にこんな証言が残っているのだ。

明治三二年、孝允の後を継いだ木戸侯爵が染井別荘に日本園芸学会の会員を招いた。その際、「孝允は、文人風を愛好せしに因り、今の紫薇《しび》、木蓮、吉野桜等は、後に栽培せし所なり」(原文○印を傍点に変更)と解説した、とある。「後に」がいつなのかはっきりしないが、少なくとも別荘を購入した明治二年当時、そこに吉野桜すなわちソメイヨシノはなかった。

『木戸公伝』のいうように、染井別荘から桜を移したのであれば、別荘にソメイヨシノはなかったのだから、木戸が植えた桜もソメイヨシノではない。他方、中島茂子の証言では別荘の「附近」とあるから、ソメイヨシノがふくまれる可能性はあるが、彼女は「ソメイヨシノ」や「吉野桜」といっているわけではない。

明治三年に木戸が桜を植えたというのならありうるし、後で染井からソメイヨシノを移したことも考えられる。例えば『木戸日記』明治七年二月六日には「門前に桜樹十余を植えり」、翌三月一日に「平岡中島と染井に至る、庭中を遊観し……また二氏と桜樹の売物を一見のため巣鴨の在に至る」とある。この桜がソメイヨシノだった可能性もある。

けれども、二つの証言から考えるかぎり、「明治三年に木戸孝允がソメイヨシノを植えた」とするのは無理がある。これもソメイヨシノ伝承の一つとみた方がよさそうだ。木戸が最初に植えたのは別の桜だったのだろう。ソメイヨシノらしき桜の記録としては、二代目侯爵の解説や『日記』の記事は明治零《ゼロ》年代にさかのぼる貴重なものだが、招魂社創建とは直接関係がないようだ。

先の「雨堤の桜花」にも「紅酣白戦」とあり、全体の景観でも紅色と白色の花が交じって咲いていたらしい。これも現在の姿とは大きくちがう。

染井と九段と上野

木戸とのつながりは、むしろ別の面で当時の桜への視線をうかびあがらせる。境内の桜は、木戸の染井別邸辺りからきた。では木戸の本邸はどこにあったのか？　実はその所在地は九段の富士見町二丁目、現在の靖国神社の隣である。招魂社創設の実務をとりしきったのは大村益次郎だが、最初の発案者は木戸孝允であった。『日記』明治二年正月一五日には、

上野の寺中を通る。去夏兵火の為に楼門その外多くは焼失、旧時の盛大実に夢の如し、この土地を清浄して招魂場となさんと欲す。（一部漢文を書き下し、以下同じ）

とある。木戸は当初上野を候補地にあげたが、上野には大学病院を建てる計画があったため、別の場所を探すことになった。

なぜ九段の地が選ばれたのかについて、坪内祐三が面白い仮説をたてている。ここは軍事上重要な管制高地だったというのだ。江戸の頃から、九段の坂上は下町から海まで一望できる場所で、初日の出や月見、雪見の名所でもあった。明治の初めには灯明台がつくられ、東京湾に出入りする船の目印となっていた。

そこに長州出身の木戸と大村が招魂社をつくる。北隣には木戸の本邸があり、南隣には皇居がある。旧幕府軍の彰義隊は上野にたてこもったが、ここは上野をしのぐ要衝の地であり、それこそ「一朝事あれば」長州派にとって絶好の拠点になる。仮想敵は旧幕府につながる江戸の住民かもしれないし、あるいは薩摩藩の人間たちだったのかもしれない。

事実、大村主導の当初の計画では、社域は現在の三倍近くあった。神社の建物そっちのけで、まず広い土地を確保しようとしたわけだ。今の社域の多くは江戸時代には火除け地で、幕末に歩兵屯所となり演習に使われていた。いわば空き地だったが、それは当初の予定地の三分の一にすぎない。残り三分の二は旧旗本の拝領屋敷で、当時すでに民間人の手に渡っていた。彼らにも一度は立退き命令がでている。文献上の裏づけは全くないが、大村に祭祀以外のかくれた企図があったというのは十分考えられる。

だが、たとえ大村に軍事的な企図があったとしても、木戸自身にその気はなかったようだ。立退き命令に驚いた住民側が木戸に嘆訴し、木戸は「その情実実に不忍なり」(『日記』同年六月二六日)として、一部中止させた。

そこに木戸は桜を植えることになる。印象的な一節が二月一九日にある。

> 上野に至る……桜花尽《ことごと》く開き、花を見る人もまた山に満つ。而《しこう》して戦余の欝気未だ消えず、人々皆惨然の色あり絶えて歌舞の声をきかず。余十余年前この地に豪遊す、花時の雑踏、酔人の往来、実に天下無双なり。今その時を追懐するに総て夢の如し。桜樹その他の樹木の弾痕不可数。

木戸の人となりがうかがえる文章だが、彼にとって上野の桜は「歌舞」と「雑踏」の舞台だったのである。その六日後、後藤象二郎の別荘を訪れた日には、「庭中に大池あり幾種の桜花すでに綻びその下に角力《すもう》を競う」と記している。木戸にとって、招魂社の原風景はこの辺りにあるのではなかろうか。『木戸公伝』は上野の桜の伐採を中止させたことにもふれている。

土地愛《トポフィリア》の多重性

木戸孝允は大村以上に招魂社の創設者といえるが、桜への視線としては、もちろん特権的な存在ではない。日記の言葉も当時の桜語りの一つにすぎないが、内容を見るかぎり、同時期の東京ガイドブックの語りとよく似ている。

創建当時の境内は西欧の公園や江戸の盛り場に通じる場所だったとのべたが、実はもう一つ似ているものがある。大名や豪商の庭園である。

今の境内内苑には池が一つしかないが、明治一四年(一八八一)頃までは現遊就館の場所などに、あわせて四ヶ所も池があり、その周りは庭園になっていた。『明治庭園記』は当時の姿を次のように伝えている。

その西側北側、矩折したる平庭は、即ち文人風の作法にて、当時流行の梧桐、寒山竹や、白木蓮や、百日紅や、芭蕉、並に痩松《ヒヨロマツ》等を排次し、その根抵に、畸形異状なる、巨石を粧点して、あたかも文人画(即ち南宗画)に酷似したる、光景を顕出するに至れり。而て広き道路を隔てて、西北隅には、梅林を作り、また西側の裏門を開通したる東南畔には、桃林を設けて、社の前面一帯の桜林と、映帯せしめたり。

社域の前面には主に桜が植えてあったが、奥の方は梅や桃の林であった。もっと注目されるのは庭園の様式だ。庭園の一つは「文人画に酷似したる」、つまり蘇州などの中国庭園に近いものであった。かなり後になるが、正岡子規ははっきり「支那風を模した」と書いている。『明治庭園記』によれば、「文人風」は清人の意見を直接取り入れてつくられた様式で、中国趣味《シノワズリー》というより本当に「支那風」だったようだ。

この「文人風」の庭はいうまでもなく、染井の木戸別邸にも通じる。当時の流行とはいえ、明治ゼロ年代は庭園や名所の受難の時代で、桜もたくさん伐り倒された。吉野山ではヤマザクラが伐られ、江戸で愛好された多くの園芸品種もこのとき途絶えたといわれる。染井別邸と招魂社境内はむしろ例外なのである。

いってみれば、木戸は本邸のある九段と別邸のある染井に、お気に入りの空間を二つつくったことになる。その木戸の語りにおいても、招魂社の桜には複数の意味があった。かつて自分もその一人だった万人歓遊の場。最新流行の「文人風」庭園。そしてもちろん亡き同志をしのぶ祭場。『木戸日記』には桜にまつわる句や歌がいくつかでてくるが、その一つに後藤の別荘での花見を詠んだものがある。

世の中は桜のもとの角力かな

もう一つ、明治三年、山口県下関の招魂場で詠んだ歌もある。

桜木は越てもことし咲きにしに　過にし人のおも影もがな

どちらもが招魂社の桜の姿に重なる。

鎮魂の場での花見と戯芸という組み合わせは、例えば仙台の榴ヶ岡にも見られる。榴ヶ岡は仙台藩四代藩主伊達綱村が母を祀るお堂の周りに、数百本の枝垂桜を植えたことにはじまる。木戸の師、吉田松陰もここを訪れて、「桜樹を植えて、士庶遊楽の所と為し」と記している。花見の季節には芝居小屋がかかり、酒茶の店もでて、「すこぶる江戸風あり」とある（「東北遊日記」）。当時の人々には、おなじみの光景だったようだ。

木戸は明治一〇年(一八七七)、西南戦争のさなかに亡くなる。明治一二年には招魂社は靖国神社に改組され、常駐の宮司《ぐうじ》が置かれるようになる。

最初にのべたように、室田はこのころに境内の桜が植えられたという話を伝えている。それ以前から桜はあったと考えられるが、明治一二〜三年頃に一つの画期があったことは他の文献からもうかがわれる。先にあげた『明治庭園記』にも桜林がでてくるし、『東京名所錦絵展』図録には安井乙熊編『東京名所案内』(増補版、明治一六年)の一頁が載っている。

> 境内に仮山《かざん》ありて種々の樹木草花を植え、噴水器あり四時清水を迸出《へいしゅつ》し幽邃《ゆうすい》の趣あり。社前に競馬場ありその柵外に数百本の桜樹を栽え花時すこぶる美観なり。

明治一〇年に「数十株」だったものが、「数百本」になっている。実数で三百〜四百の桜がこの時期咲いていたとは考えにくいが、百前後の本数であれば十分ありうる。明治一二年には、民間の茶店に境内での営業を許している。図録の錦絵でみると、茶会や書画会もできるかなり本格的な店だったようだ。

図録には他にも興味ぶかい画がある。梅寿国利の『九段坂靖國神社境内一覧之図』(明治一四年)である。これには赤、紫、緑の敷物の上で、女性たちが花見の宴に興ずる姿が描かれている。頭上で咲いているのは八重桜で、大きな花輪のそばに小さな緑の葉も添えられている。敷物の上には飲食や書画の道具も見える。

まるで江戸の花見である。画の内容をそのまま信じることはできないが(→I章2)、招魂社の桜と「江戸風」の桜とのつながりは他の文献からもうかがわれる。細部はともかく、全体の雰囲気は実際に近いのではなかろうか。

明治二十年代に入ると、靖国神社は「桜の名所」として広く知られるようになるが、その語られ方は現在のとはまだかなりちがっている。例えば『東京名所図絵』(明治二三年、同一内容で著者・出版社・発刊年がちがうものがある)では「社地の公園に松柏梅桜を雑植し四時花の絶える事なく紅緑交互して」とある。桜は境内を彩る四季の花々の一つにすぎなかった。靖国神社イコール桜、ではないのだ。

『新撰東京獨案内図会』(同年)だと、それがもっとはっきりわかる。このガイドブックには「四季の遊び場所」という項があり、桜だけでなく、初日の出、雪見、梅、桃、牡丹、躑躅《つつじ》、観月でも靖国神社の名があがっている。先にのべたように、九段の坂は江戸時代から景望の地として有名だった。あの『江戸名所花暦』の「月」の項にも顔を出している。初日の出、雪見、月見という遊び方はその伝統を引き継ぐ。梅や桃、牡丹、躑躅もやはり江戸の人々が愛した花であった。

「四時花の絶える事なく」という表現からは、そんな江戸の人々に連なる共通感覚《コモン・センス》が伝わってくる。草木の植え方だけでなく、それを語る人々の感性自体が江戸の香りを強く残していた。九段と染井の関係も、そういう視座からとらえ直すことができる。ソメイヨシノの方ですっかり有名になってしまったが、染井の一番の名物は本来、躑躅である。梅も咲いていた。『木戸日記』にも染井近辺で梅を見た記事がある。木戸自身の企図は別にしても、明治一十年代前半までの九段は染井とよく似た空間であった。ただ、その染井はソメイヨシノの染井ではなく、躑躅をはじめ四季の花が咲く染井であった。わかりやすくいえば、九段の桜はまだ江戸の桜だったのである。

いうまでもなく、もっと広くみれば、それも境内の一つの貌にすぎない。また後でみるが、正岡子規は明治二〇年前後の境内を、「他のものは少しも目に入らないで、綺麗なる芝生の上で檜葉《ひば》の木が綺麗に植えられておるという事がいかにも愉快な感じがしてたまらなかった」と回顧している。彼にとってはここは欧風の公園だった。

当時のガイドブックにも似た表現がでてくる。先の『新撰東京獨案内図会』では「公園地」の項にも、浅草や上野、芝、愛宕山とならんで「九段公園　靖国神社の境内なり」と紹介されている。「九段の公園」という形容は他の文献にも出てくる。田山花袋のオリジナルではなく、ごく一般的な呼び方だったようだ。口絵の上野公園の図には満開の桜の下で競馬を楽しむ人々の姿が描かれているが、「九段の公園」でも同じような光景が広がっていたはずだ。

要するに、境内は江戸の盛り場と西欧の公園が混在する「公園」で、和風、欧風、中国風の庭園に梅、桃、桜、牡丹などの四季の花々が咲く。そんな博覧会的空間を飾るアイテムの一つというのが、当時の語りにおける桜の位置づけであった。

そこに一つ欠けているものがあるとすれば、意外に思うかもしれないが、〈日本〉である。西欧起源《オリジン》でも江戸起源《オリジン》でもない、日本という独自性《オリジナリティ》を求める視線。それはまだここにはない。

2　ソメイヨシノの森へ

吉野桜の出現

『靖國神社誌』事歴年表をみると、明治十年代後半から二十年代前半にかけて、三つ注目される記事が載っている。

明治一六年一一月三〇日「英国人「ジエーエッチブルーク」ヨリ「セダルス」樹十本寄附出願ノ儀許可」

明治二四年一一月二四日「境内遊就館前ソノ他ヘ桜二百二十本楓二十本ヲ樹ウ」

明治二五年一二月二八日「境内旧馬場ノ両側牛ヶ淵附属地ヘ吉野桜三百本楓五十本ヲ樹ウ」

明治一六年(一八八三)のは、特定の樹木寄付の最初の記事である。「最初の寄付は外国人の外国名の樹だった」とすれば、別の意味でもっともらしい物語ができそうだが、中島茂子の証言から考えて、これが最初の寄付とは考えにくい。めずらしい出来事だったので記録されたと見るのが妥当だろう。

特定樹木の植栽が出てくる二番目が明治二四年の記事である。ここでようやく桜が記録に現われる。これ以前から桜の景色は語られているから、桜そのものがめずらしいわけではない。この出来事に何か特記すべき意味があったのだろう。だとすれば、これが最初の集中植栽だった可能性も考えられる。

そして翌年、「吉野桜」が顔をだす。かなりの信頼性でソメイヨシノだといえる語りはこれが初めてである。明治三年はともかく、明治一二～三年頃にはソメイヨシノがあった可能性が高いが、それがそのままソメイヨシノの森になったわけではない。三好學の回顧でも、初期のソメイヨシノの名所とされているのは熊谷堤や開成山、隅田川堤などで、靖国神社はあがっていない。井下清も「桜名所の興亡」(『櫻』一四号)で、靖国神社の桜は「明治中期以降」としており、明治十年代に植えられた熊谷とはっきり区別している。

先の「桜の木も栽えたばかりで小さく」という田山花袋の証言と考えあわせると、境内にソメイヨシノがまとまって植えられたのは、この明治二五年前後ではなかろうか。花袋は「桜の木と共に……大きくなっていた」と書いており、幼木は順調に育っていったようだ。根づきがよく、潮風にも強いソメイヨシノがうまくはまったらしい。

記事でもう一つ注目されるのはその本数である。室田の調査では現在の九段会館の敷地もふくめ、境内に桜は五五〇本あった。明治二四～五年に植えた本数の合計が五二〇本だから、大正期の総本数に匹敵する大量の植栽がなされたことになる。境内の景観は一変したはずである。以前からの桜が枯れずに残っていたとしても、これだけ大量に若樹を植えれば、どうしてもそちらの方が目立つ。花袋の脳裏にもその印象が刻みこまれたのだろう。

現在につづく境内の桜の景観はこのときできたと考えられる。それ以前にもソメイヨシノはあっただろうし、明治三年になかったと断言することもできないが、ソメイヨシノが咲き連なる森の姿は、明治二四〜五年の植栽にはじまる。少なくとも花袋や三好や井下らの語りからみるかぎり、昭和の初めぐらいまで、多くの人がそう記憶していた。

「日本」と桜

この年代にはさまざまな意味を見出すことができる。

まず文化史からみると、明治二十年代前半は「日本」が強調されてくる時代である。雑誌『日本人』創刊が明治二一年（一八八八）、三宅雪嶺の『真善美日本人』が二四年、岡倉天心の『日本美術史』の講義も二三年にはじまる。佐藤道信『〈日本美術〉誕生』によれば、「日本画／西洋画」というジャンル分けもこの頃にできる。徳富蘇峰の『国民新聞』創刊が二三年、内村鑑三の『代表的日本人』が二七年。同じく明治二七年には志賀重昂《しげたか》の『日本風景論』初版がでる。地形や景観から日本の「国粋 Nationality」をさぐるこの本は一大ベストセラーとなった。

政治史の上でも巨大な出来事がならぶ。明治二二年二月、大日本帝国憲法公布。翌年七月、

第一回衆議院議員総選挙、同年一一月には第一議会開会。この二年の間に、民法、商法、集会及政社法など、明治国家の法制度がほぼできあがってくる。そして二三年一〇月、教育勅語発布。

翌二四年一月には内村鑑三の不敬事件。二月、国会議事堂焼失。五月、大津でロシア皇太子襲撃。二五年には、久米邦武の「神道は祭天の古俗」事件が起こる。久米が帝国大学文科大学を非職になるのは二五年三月である。

日本近代の国家の基本的な骨組みができあがり、その衝撃波が社会のあちこちで、さまざまな波紋を起こす。明治二四年前後というのはそういう時期であった。ちょうどその頃に、靖国神社の境内にもソメイヨシノの森が出現する。つくづく日本近代の原点に関わってくる桜である。

だから、この森の出現を文化史や政治史の文脈に結びつけようと思えば、かなりかんたんにできる。いわく、明治初頭からの西欧近代の輸入が一段落し、「日本らしさ」や「日本の伝統」が求められた。国会が開設され政党が表舞台に登場するなか、新たな国民統合の象徴が必要とされた。欧米列強の侵略と日本の海外進出が強く意識され、「日本」の同一性の再構築をせまられていた。

そのなかで、日本のナショナリティを体現するものとして、桜があらためて注目された。ソメイヨシノは「吉野桜」という名をもつ。吉野の桜には平安時代から和歌に詠われた伝統があるだけでなく、吉野自体、法制上は大日本帝国憲法までつづく律令国家を立ち上げた天武朝の聖地であり、また天皇親政をめざした後醍醐天皇ゆかりの地でもある。「吉野桜」は明治国家の正統性をまさに表象するものであり、だからこそこの時期に靖国神社に植えられたのではないか……。

お望みなら、この後に「そういうナショナル・アイデンティティを求める国民の心情が、なつかしい桜の森として結晶したものである」とつづけることもできるし、「それが実際には明治から出現した新しい桜であり、いわば偽吉野だったことは、この時構築された伝統や正統性が歴史の偽造であることを証明している」とつづけることもできる。

新しさの魅力

桜をめぐる語りは、しばしばそんな硬質な言辞を引きよせてしまう。それは私たちを今もとりまく意味の磁場の効果なのだろうが、しかし、もっと広い視野で見れば、招魂社の桜同様、このソメイヨシノの森にもちがった文脈を見出すことができる。

先に、東京では明治十年代にソメイヨシノの進出がはじまるとのべたが、ソメイヨシノ一色にぬりつぶされたわけではない。この時期、江戸の三大名所でソメイヨシノ化が大きく進むのは隅田川堤だけである。明治一六年、荒廃を憂えた成島柳北らによって、一千本のソメイヨシノが植えられた。一方、飛鳥山にはソメイヨシノだけでなく、ヤマザクラや八重桜も植えられている。上野にもソメイヨシノは進出するが、ここは長く彼岸桜や枝垂桜、つまりエドヒガン系の名所でありつづけた。明治の終わりまで、上野の桜は他の名所より一週間以上早く花盛りを迎えることで知られていた。若月紫蘭は『東京年中行事』でこう描いている。

三月の末から四月の末にかけて、……山の手も下町も満都の桜ことごとく咲き出でて、都八百八町は本当に花の巷と化し……。

明治末の東京でも、桜の花の季節は一週間ではなく、まだ一ヶ月だった。

それらを考えあわせると、ソメイヨシノという桜の新しさに当時の人々はちゃんと気づいていたのではないか。明治三二年の木戸侯爵の解説でも、ソメイヨシノは新来者とされている。むしろ、そこがこの桜の魅力だったのではなかろうか。

ソメイヨシノは成長が速い。人間と同じくらいの速さで成樹になる。明治二五年前後には、十年代初めに植えたソメイヨシノがそろそろ花盛りをむかえる。短期間で育ち、圧倒的な量感で咲くその姿を見て、境内の景観整備に使おうと考えても不思議ではない。実際、明治二十年代には浅草をはじめ、東京各地の公園にソメイヨシノが植えられていった。靖国神社の境内も「九段公園」だったことを考えると、そういう、時代の先端をゆく景観づくりの一環として、桜がまとまって植えられたのではないか。

三十年代になると、桜の新名所として靖国神社はすっかり定着する。例えば平出鏗二郎『東京風俗志』(明治三六年)には上野、隅田川堤、小金井といった江戸以来の名所について、ここが紹介されている。大町桂月も『東京遊行記』(明治三九年)で「祀後に、梅林あり、泉水あり、祀前には桜樹つらなりて、白雲、堆《たい》を成す」と書いている。

『靖國神社誌』事歴年表の明治四一年四月九日には「大降雪樹木倒ルルコト無数桜花狼藉ヲ極ム」とある。ふだんのそっけない文体を逸脱した言葉づかいからも、境内への土地愛《トポフィリア》の不可欠な一部となっていたのがわかる。

　この大鳥居の下を敷石伝いに進めば、両側には桜樹林をなし春候爛漫花開くの空は一面に花の天蓋もて掩《おお》われたらんが如く、常は奥深き翠闈の中に育まれたまうそこらあたりの姫様方さえ、この頃には花にも劣らぬ綺羅《きら》びやかなる扮装《いでたち》して腰元にかしづかれながら花間にさまよいたまうを見るもゆかし、樹下所々に共同ベンチを設けあり。

東都沿革調査会編『最新東京案内記』(明治三一年)の一節である。ここで語られる桜の景観は現在とほぼ重なる。空一面をおおう花の天蓋。ソメイヨシノの特徴を強く感じさせる語りである。

ただ、姿が同じだからといって、意味が同じだとはかぎらない。その点には十分気をつける必要がある。例えば「共同ベンチ」が示すように、この桜は公園という公共空間《パブリック・スペース》の一部でありつづけていた。華族の女性が実際にどれだけ来ていたかはわからないが、靖国神社の西、番町の一帯はこの頃、東京の中流上層階級の住宅地になっている。田山花袋のおしゃべりに、もう一度耳を傾けてみよう。

「花見に行くと、場所場所に由って、娘の種類の違うのが面白い。上野ではまだ綺麗な娘が見られるが、浅草から向島に行くと、娘の種がすっかり落ちる。げびていていけない。そこに行くと九段だ。あそこに行って、運が好いと、非常に美しい高尚な気高い娘が見られる。やはり、種が違うよ、君。それに、あそこは静かで、雑踏しないで好い。静かに花を見るには、あそこに越したところはない。」こう言う時分には、私はその桜の木と共によほど大きくなっていた。(『東京の三十年』)

品評する花袋自身が一番下卑ている気がしてくるが、九段の公園は山の手/下町という東京の階層構成の結節点でもあった。地方から出てきた一人の男性が、そこに立身出世と家繁栄の夢を結びつける。靖国神社のソメイヨシノにはそういう視線もむけられていた。

明治二十年代には、たしかに日本のナショナリティがさかんに論じられたし、桜はその表象の一つであったが、日本と桜の結びつきはそれほど自明だったわけではない。志賀重昂『日本風景論』も「日本は「松国」たるべし、「桜花国」と相待たざるべからず」と書いている。本居宣長の「朝日に匂ふ山桜花」という歌を香りの話だと誤解した新渡戸稲造『武士道』(明治三二年、明治三八年増訂)の語りも、結びつく中身の定まらなさを示すものだろう。

軍人と桜についても同じことがいえる。軍人と桜が結びつく理由は、魂の追憶以外にも、さまざまあった。例えば、海軍教育本部『海軍讀本』(明治三八年)の「桜」の章では、「花は桜木、人は武士」という名文句を、軍人を桜にたとえたものとした上で、「ワガ国ハ桜ヲ花ノ王トス」とする。

けれども、そこで桜の特徴としてあがっているのは、派手でなく美しく咲いて人の目を喜ばすところや、材や樹皮も生活に役立つところで、散り方には一切言及がない。他方、「靖国神社」の章では、桜に全くふれていない。桜―軍人―ナショナリティの連関は見られるのだが、その内容は現在想像されるのとはかなりちがう。そのなかで靖国神社の桜が特別な位置を占めていたわけでもない。

一番わかりやすい例は、明治三六年(一九〇三)の『高等小學讀本 一』だろう。その第四課に靖国神社がでてくるが、「コノ神社ノ境内ハ公園ニシテ、築山《つきやま》、泉水ナドアリ。マタ、梅、桜ナド、多ク、植エタレバ、花時ノナガメ、コトニ、ヨシ」と書かれている。桜は梅とならぶ公園の景観の一つであった。読本の解説書『高等小學讀本字解』(峯間信吉校)は、この「公園」の語に「多クノ人人ガ、だれデモ、じゆーニ、遊ブタメニ、ヒロク、カマエタル、にわヲイウナリ」と注釈している。

戦争と事業

明治期の桜は自己犠牲の哀調よりも、開放的な陽気さを強く感じさせる。そういう視線で九段の桜も語られていた。それは境内が公園や見世物の舞台でもあった、いいかえれば戦争以外のものにも結びついていたからだけではない。そもそも戦争が昭和期とはちがう意味をおびていた。

しばしば誤解されているが、徴兵制といっても、昭和十年代まではすべての青年男性が兵士になったわけではない。加藤陽子『徴兵制と近代日本』によれば、日清戦争時の二〇歳男性人口四三万人に対して陸軍動員数は二四万。日露戦争でも二〇歳男性人口約五〇万に対して動員数五七万である。これが第二次大戦時(日中戦争をふくむ)になると、二〇歳男性人口七〇万に対して動員数約六〇〇万。実に八・六倍もの人間を戦地に送ったことになる。それに比べると、日露戦争でも規模はずっと小さい。

死んだ兵士の数でも、第二次大戦の死者二六〇万(二〇歳男性人口の三・七倍)に対して、日露戦争では八・五万(〇・一七倍)。当時の人々にとって日露戦争が巨大な規模で兵士を動員し、多くの死傷者を出した衝撃的な出来事であったことは事実だが、第二次大戦とは比較にならない。広田照幸の言葉をかりれば「「国民皆兵」になってしまった太平洋戦争期よりももっと前の時期には、一部分の人間だけが生死をかけて闘ったのだ」(大門・安田・天野編『近代社会を生きる』吉川弘文館より)。

明治の日本にとって、戦争は生存をかけた闘いであるとともに一大事業でもあった。勝てば領土も賠償金も手にはいる。死者の慰霊と勝利の祝祭は一体であり、徴兵の範囲が小さければ小さいほど、慰霊よりも祝祭の方が前面にでてくる。大きな損害をうけることなく、勝利の果実を期待できる国民がそれだけ多くなるし、たとえ家族に戦死者が出た場合でも、その死に「家繁栄の礎」という意味をあたえられるからだ。個人を犠牲にして、ではなく、戦争に勝って国が豊かになればそれだけ個人の成功の途も開ける。そういう形で、戦争を位置づけることができた。

「公」や「国家」にも同じことがあてはまる。個人の成功が国家の繁栄につながるのであれば、「国のため」と「私のため」を区別する必要はない。事実、田山花袋ではこの二つが融けあって語られている。

「今に豪《えら》くなるぞ、豪くならずには置かないぞ。」こういう声が常に私の内部から起った。私はその石階を伝って歩きながら、いつも英雄や豪傑のことを思った。国のために身を捨てた父親の魂は、そこを通ると、近く私に迫って来るような気がした。

立身出世の欲望が「家」繁栄の願いを介して、そのまま国家への貢献につながる。そうした語りにおいては、現在の私たちが考えるような、個人主義的か集団主義的かの二者択一は存在しない。桜は死者への慰霊とともに、立身出世の欲望と「家」繁栄の願いと国家の勢威を象徴する花になりうるのである。

斎藤正二『日本人とサクラ』や大貫恵美子『ねじ曲げられた桜』がくわしくのべているように、明治期の桜語りのなかで、桜は死や自己犠牲に特に強く結びついたわけではない。そこには戦争や国家がもつ意味のちがいもある。そもそも戦争が事業だとすれば、規模では他と比べものにならないが、意味においてはとびぬけて特異な出来事ではなくなる。似た出来事《イベント》は他にも見つかる。例えば堤防修築、公園造営、観光地整備……。事実、ソメイヨシノは戦争だけでなく、それらの土木事業の記念にも植えられた。

普及のメカニズム

ソメイヨシノの拡大には必ず出てくる戦争や軍隊とのつながりも、もっとちがった視点で見ることができる。

この桜が広まる上で日清と日露の二つの戦争が大きな契機になった、とよくいわれる。実際に、各地の名所の由来をみていくと、二つの戦争での出征や勝利の記念、戦没者への追悼のために、城址や忠魂碑の公園、堤防などに植えた事例は少なくない。戦争といっしょに拡がるソメイヨシノ。その姿は「一つの国家」「一つの軍隊」をつくる運動に見えるが、それも歴史というよりは、もう一つの起源の物語であるようだ。

そもそも日清戦争前後のソメイヨシノの拡大を靖国神社の複製《クローン》と見ることはできない。境内への大量植栽から開戦まで、わずか三年。花袋の言葉をかりれば、当時の桜は「栽えたばかりで小さく」「境内は花の頃よりも新緑の頃が殊に美しかった」。

日露戦争の頃には靖国神社は桜の名所として定着していたが、少なくとも文部省の教科書レベルでは、桜は公園の景観の一部にすぎない。戦争の記念植樹に選ばれた樹も月桂樹であった。桜に特別な意味は見出されていない。

なぜこの時期に各地に桜が植えられたか、くわしい事情は高木博志「桜とナショナリズム」(西川長夫・渡辺公三編『世紀転換期の国際秩序と国民文化の形成』)が弘前公園でやったように一つ一つ調べるしかないが、桜への視線からいえば、やはり「新しさ」が鍵だったのではないか。

戦争を記念する公園や碑は新しい記憶を伝える。新たに造られる、伝統や由緒をもたない場所だ。そういう記憶の空間《メモリアル・パーク》を美しく飾るのに、ソメイヨシノは絶好のアイテムだった。ヤマザクラなら見映えがするまで二十年、ソメイヨシノならそれが十年ですむ。かなり育った若木を植えれば、さらに短縮できる。景観整備の上でも大変便利な樹であった。吉野でも、明治二五年に建てられた吉野神宮の周りには、ソメイヨシノを植えている(小清水卓二前掲)。ちょうど公園化され、桜の整備をはじめた頃である。

ましてや各地で同時期に同じような施設ができるとなると、染井などの園芸産地ですでに大量に栽培されている苗木を使うしかない。十年後に戦争をするからこの種類の苗木を育てておいて、と計画をたてられるわけではない。もともと選択の余地はあまりなかったのではないか。その分、桜やソメイヨシノ自体に強い意味は見出しにくい。

東京では明治十年代からソメイヨシノの流行がはじまり、二十年代には各所の公園整備に使われはじめる。それらの需要をあてこんで、東京近辺の園芸産地ではソメイヨシノの苗木が大量に栽培されていたはずだ。日清戦争後の桜の需要にはそれで応えるしかなかっただろうし、そのことがさらに苗木栽培に輪をかけただろう。ソメイヨシノは他の桜にくらべ接木しやすいので、値段も安いし、需要が急にふえても対応できる。日露戦争後の忠魂碑や記念公園の数は日清戦争時とはほぼ一桁ちがう。それだけ多くの場所を何かの樹木で飾るとすれば、東日本の場合、ソメイヨシノが最有力の選択肢にならざるをえない。

そして、これは西日本へのソメイヨシノの拡大がなぜ遅れたかの答えにもなる。今のように、トラックや貨物列車がかんたんに使えるわけではない。近くの園芸業者から苗木を買う方がかなり安い間は、特別な事情がないかぎり、前からあった種類の桜を使うことになる。

西日本と東日本の文化的なちがいはたしかにある。京阪神地方はソメイヨシノ嫌いが今も根強い。当時もきっと「東京者の珍奇な桜」への反発はあっただろうが、ソメイヨシノの流行にはもともと、流行が流行をつくりだすという循環的因果《ポジティヴ・フィードバック》がある。だから、京阪神へのソメイヨシノの進出は遅れたし、にもかかわらず一度進出がはじまれば、地元の桜好きがどれほどソメイヨシノを嫌い、ソメイヨシノ絶滅論を唱えても、なかなか停められなかったのではないか。大阪でも日露戦争前後に、天王寺公園に初めてソメイヨシノが現われる（椎原兵市「大阪の桜の今昔」『櫻』一〇号）。土佐稲荷神社や生国魂神社の境内もソメイヨシノに代わっていく。

ソメイヨシノが広まる背後に思想や文化をあまり強く見出そうとすると、現在の桜語りの様式を知らず知らずに持ちこんでしまう。桜に深い意味や特別な観念を読みこんでしまう。桜好きの間でさえ、そういう桜語りがさかんになるのはもっと後である。

3　桜の帝国

起源《オリジン》への視線

ソメイヨシノの拡大と日本のナショナリティはそのままつながるわけではない。むしろ、ソメイヨシノの森の出現のところでふれたように、立場のちがいをこえて、つながりを求める視線自体がある種の起源の物語と共鳴している可能性が高い。

しかし、ソメイヨシノの拡大と時期をあわせるかのように、桜への視線に大きな変化が訪れていたのも、また事実である。正岡子規は絶筆となった『病牀六尺』(明治三五年)のなかで、靖国神社の境内についてこう論じている。

　ある人のいう所に依ると九段の靖国神社の庭園は社殿に向って右の方が西洋風を模したので檜葉の木があるいは丸くあるいは鋒《ほこ》なりに摘み入れて下は綺麗な芝生になっている。左側の方は支那風を模したので桐や竹が植えてある。後側は日本固有の造り庭で泉水や築山が拵《こしら》えてある。

博覧会的な空間だったことがよくわかるが、子規はさらにこうつづける。

こういう風に庭園を比較したというものの甚だ区域が狭いので十分にその特色を発揮する事が出来ておらぬ。そこでこの庭園についても人々によって種々の変った意見を持っておって、これが神社である以上は神々しき感じを起させるために社殿の周囲に沢山の大木を植えねばならぬなどという人もある。けれどもそれは昔風の考えであって……。

二十年前に最初に境内をみた時の印象は西欧風だったとのべて(→Ⅱ章1)、いっそ全部を「西洋風に造り変えたらよかろう」と提案する。なかなか過激な意見だが、もっと興味ぶかいのはその意見が語られている平面である。

境内にはもともとさまざまな様式が混在しており、「○○風」に統一しなければならないという発想はなかった。そこが変わってきているのだ。庭園の様式や木々までも単一のナショナリティに帰着させようとする。そういう身元証明《アイデンティティ》を求める視線が、明治三十年代後半には境内にも注がれはじめていた。当然、桜もそれと無縁ではありえない。

子規自身はそういう視線を「幼稚」と感じている。木にせよ庭園にせよ、和風だろうと欧風だろうと中国風だろうと、美しいものは美しいし、美しくないものは美しくない。「もとより造り様さえ旨《うま》くすれば実際美学上から割り出した一種の趣味ある庭園ともなる」わけで、だからこそ、特定のナショナリティに性急に結びつけようとはしなかったのだろう。

ナショナリティの感覚がそれまでなかったわけではない。「日本」「西洋」「支那」という様式のちがいははっきり存在していた。ただ、それは「日本国の神社だから日本風の庭園を」「日本人だから日本的な風景を一番美しく感じるはずだ」という形で、さまざまな事象の深部に、それらを貫く形で〈日本〉という原因を見出そうとするものではなかった。だからこそ、さまざまな様式が混在しても違和感がなかった。

逆にいえば、「統一」を求める声は、たんに庭園様式を整理しようというものではない。庭園という物理的《フィジカル》なモノだけでなく、それを見る人々の感性まで〈日本〉というメタフィジカルな何かに帰着させようとする。「起源《オリジン》」という形容がふさわしい、いわば根拠としての〈日本〉。それが姿を現しはじめていた。子規の皮肉の強さは、そういう人々の語りの照返しにほかならない。

実際の景観も、ゆっくりとだが、造りかえられていった。明治三九年には陸海軍省の名で

「境内ニオイテ諸商人出店並弁舌等ニテ衆人ヲ集ムルコトヲ許サズ」という掲示板が立つ。大正元年(一九一二)の『尋常小學唱歌　第四學年用』「靖国神社」では、おごそかな桜に囲まれた境内が歌われる。前年に出た『靖國神社誌』は、「泉池四個所ありしを、遊就館設立のために或いは境趣変更のために三個所は廃して今ただ一個所を本社の後庭に残せり」と語る。

その遊就館は最初イタリア人カペレッティ設計のロマネスク様式で、イタリアの古城風の建物だった。日露戦争後の増築でもロマネスク様式を守っていたが、後に関東大震災で焼け落ちる。昭和の再建時には「近代東洋式」が求められ、和風鉄筋コンクリートに代わった。

庭園と桜に注がれる新たな視線。明治維新から四十年あまり、そして昭和二〇年の敗戦まであと四十年。「戦前」とよばれる時代の、ちょうど後半がはじまろうとしていた。

ナショナリズムの科学

〈日本〉を求める視線はしばしば伝統への回帰という形をとる。そのため語りとしても旧いと思われがちだが、実際にはかなり新しい様式である。

Ⅰ章で少しふれたように、桜の美しさは中世以来、主に言葉のなかに存在してきた。「吉野の桜」がそうだったように、物理的視覚よりも文字の集積の方がはるかに重かった。そうした伝統は明治になって消えたわけではない。特に桜では近代以前の語りとのつながりは大事にされた。

そこに新たな文体が一つつけ加わる。西欧由来の植物学や景観論を取りこんだ文体である。子規の文章にもすでに顔を出しているが、明治四十年代になると桜語りのなかも変わってくる。例えば、I章でふれた明治四四年の前田曙山『曙山園藝』の「桜」は次のようにはじまる。

桜　さくら

双子葉門　薔薇科

山　桜　Prunus Pseudo-Cerasus *Lindle.*

var. spontanea *Maxim.*

……

染井吉野　Prunus Pseudo-Cerasus *Lindle.*

var. S. var H.

var. Sieboldi *Maxim.*

……

名称―植物学上の分類―学名。科学的な装いの書き出しである。いや当人にとっては、真面目に科学だったのだろう。それにしては学名がちがうところが妙におかしいが、本文はこうつづいていく。

花は桜と一口に言われ、我邦に於ては、古来桜を愛で寵《いそ》しまぬものはない、人各々花卉《かき》についての嗜好を有し、甲を褒《ほ》め、乙を貶《へん》すれども、桜に対しては万口一様、かつて誹議《ひき》を試みた者はない……。

そんなにかんたんに断定していいのかと思わず聞き返したくなるが、口調はどんどん熱をおびてくる。

特にこの花の奇なるは、これを外国に輸送し、露地に栽培すると、比年《ひねん》その花が退化する、満洲の長春奉天あたりなどで、我が同胞間に桜が李《すもも》になるという言葉がある、……もとよりこの理由については、学術上の原理は発見されていない、わずかに憶測について判断を下すに止る。もし専門的にこの原因を考究したならば、種々の発明ができよう、……桜と日本とは神が結べる縁で、何者が水をさすとも、切れるのかわるのという仲ではない。

最後のあたりは神がかっているが、曙山は科学を否定しているわけではない。むしろ、もし専門的に研究すればすごい業績になるだろう、と請けあっている。彼にとって、桜と日本の特別な関係は科学的に証明可能なものなのである。例の、「老花戸は大胆にも吉野桜と称した。しかもその新種を自家の捻出とは言わず……」という、ソメイヨシノ起源伝承はこの後で語られている。曙山としては、これも科学的な解説だったのだろう。

科学の出現は従来の桜語りの伝統を否定したわけではない。むしろ科学的な語りという新たな様式《モード》をつけ加えたのである。桜と日本の特別な関係、という通念は江戸時代からある。中国人に聞いたら桜なんて知らないといった、とか、桜は日本にしかない、とか書かれている。明治に入ると、さすがにそういう議論は少なくなる。

それにつれて、語り口も江戸時代の儒学や本草学につらなるものから、より西欧的な科学に近い様式へ変わっていく。わかりやすくいえば、「日本人は桜が好き」「日本でだけ桜は美しく咲く」といった事実を素朴に主張する形から、次第に「桜には○○という性質があり、日本人にも××という国民性があり、〇〇と××が対応しており、だから日本人は桜が好きなのだ／日本の桜は美しく感じる」という、より洗練された理論へ移っていく。国民性の内容が前提にあって、それを証明する事実の一つとして「桜が好きだ」「桜が美しい」という観察が語られるのである。

もちろん語り口だけで科学になれるわけではなく、証拠を提示する手続きが不十分であれば、「疑似科学《パラサイエンス》」でしかない。実際にはこの種の桜語りのほとんどは疑似科学だったが、様式そのものは西欧の科学から来ている。そのなかで〈日本〉という根拠《オリジン》はだんだん明確な姿をとってくる。

そういう土壌の上で、桜ナショナリズムの語りは広まっていく。

日本の桜は到底算術《そろばん》から割出せるような、しかく下卑た、形而下の植物ではない、……国民の精神を涵養し、いわゆる大和魂の美を発揮せしめ、国民性を向上せしむる点に於て、寸時も欠くべからざる花である。（同右）

伊藤銀月と井上哲次郎

桜ナショナリズムといっても、中身はいろいろある。そもそも桜にかぎらず、当時の「社会」や「自然」をめぐる語りには多かれ少なかれナショナリズムが入っているし、ナショナリズムがすべて疑似科学であるわけではない。

その良い例が伊藤銀月である。銀月は曙山と同じく明治四年生まれで、『萬朝報』の記者もやったジャーナリスト・作家だが、『大日本民族史』(明治四〇年)や『日本風景新論』(明治四三年)のなかで、独自の「桜花進化論」を唱えた。

> 桜は支那にもあり、しかれども、支那に於けるの桜には詩歌に入るべき花なし、桜は西洋にもあり、しかれども、西洋に於けるの桜は果実を採るべくして培養せらるるものなり、独り日本にては、既に神代の古えに於いて、女性の艶美なる者をもってこれに比せらるるの桜花ありしなり、しかれども、予は我国の桜花の始めよりして今日の如く卓絶なりしを信ずることあたわず、必ずや、自然淘汰と人為淘汰との両面の作用が功を奏して、漸次に年を積みたる結果ならざるべからざるなり。(『大日本民族史』。原文の△印を傍点に変更)

桜はもともと日本列島の土壌や気候に応じて特殊な発達をとげていた、つまり独自の進化をしていた。その花の美しさがちょうど日本の風物にあっていたため、人間の方もこれに注目して、特に花が優れた樹を選んで、さらにふやしてきた。日本の桜が美しく、日本人が桜を好きなのは、そういう歴史的関係の産物なのだ、と銀月はいう。

　これ国土の気象風物と人間の気風趣味との合併作用にして、日本人の民族的精神はこれによって涵養せらるるなり、日本民族の絢爛にしてしかも清淡なる、熱烈にしてしかも爽快なる、尖鋭にしてしかも砕脆性ある、急迫にしてしかも耐久力無き、すべてその膨張性と活動力とに随伴する一面の作用は、ことごとくこれ偶然にしてしかるにあらざるなり。

（同右）

現代風にいいかえれば、美しいと感じる桜を人が選び、選んだことでいっそう桜の美しさが注目され、注目されることでさらに美しいと感じる桜を人が選び、選んだことでさらにいっそう桜の美しさが注目され……、という積み重ねが日本の桜の美しさと日本らしさを創りだした。ここで銀月は循環的因果《ポジティヴ・フィードバック》の論理を使っている。これは現在の社会科学でよく用いられるもので、ソメイヨシノの流行のところで私自身も使った。

銀月をナショナリストにしているのは、この循環的因果の端緒《はじまり》の位置づけ方である。たまたまはじまったのか、それとも何かの必然性があったのか。銀月は必然性があると考えた。そこに彼は「民族」を見た。

ここまでくると、もはや信念の問題である。むしろ、これが信念の問題だとはっきりさせたところに、銀月の論理性がある。由良君美は銀月を「明治・大正・昭和を通じて、修辞とテーマの二点からみて……高い点数を獲得すべき人達の一人」(『日本警語史』解説)と評しているが、桜花進化論にもその特徴はよく現われている。

だが、いやおそらくは、だからこそ、銀月の語り方は桜ナショナリズムの主流派にはなれなかった。主流を占めたのは、もっと素朴な語り方である。例えば、哲学者で帝国大学文科大学学長でもあった井上哲次郎の「桜花」。この文章は大正二年(一九一三)の改訂で、国定教科書『高等小學讀本』の第一課に載せられた。

桜花は花の最も陽気なるものにして、桜花の開く時はまた一年間の最も陽気なる季節なりとす……。桜花は花の最も壮麗なるものなり。……

桜花は孤独的にあらずして集合的なり。集合的の花は独り桜花には限らずといえども、これを蓮花もしくは薔薇に比すれば、ことにその相違の甚だしきを見る。瓶中一箇の蓮花は優にこれを賞玩するに足る。一箇の薔薇の花また以て洋服の襟を飾るに足る。いずれも個人主義を表現する者の如く然り。独り桜花は大いにこれと異なり。一箇の桜花は余りに眇小《びょうしょう》にして、人の賞玩に値するに足らず。桜花の長所はその集合的なるにあり。一箇一箇の花よりは、一枝の花の集合体を以て優れりとなす。一枝の花よりは、一樹の花の集合体を以て優れりとなす。一樹の花よりは、全山の花の集合体を以て優れりとなす。此の如きは我が日本民族の長処が個人主義にあらずして、むしろ団体的活動にあるを表現してあまりありというべきなり。

バラで西欧を、桜で日本を代表させる。この二つの花はともにバラ科で、自家不和合性があり、変種をつくりやすい。そのため、観賞用として特に愛好された(→I章2)。対比させるのには格好の題材である。井上がそこまでわかっていたのかはわからないが、知らなかったとしても、それはそれで彼の目のつけどころの良さを物語る。

ただ、井上はこの二つの花のちがいを直接、個人主義と集団主義に重ねあわす。なぜ重ねられるのかという問いはそこには存在しない。いや、よけいな問いを開けば、桜と日本の特別な関係が事実というより信念であることをかえって露わにする。そこを封印した点で、「桜花」はまさに教科書的な言説なのである。

桜花は百花中散際《ちりぎわ》の最も潔白にしてかつ優美なるものなり。……我が邦の武士はただ桜花の如き気象精神を具有すべきのみならず、またその生命を捨つるに当たりて、桜花の如く潔白ならざるべからざるなり。換言すれば、桜花は我が日本民族のまさに具有すべき気象精神を表現するものにほかならず。

井上も桜の本質をその咲き方に見る。散り方にも注目するが、まずは咲き方である。死と特に強く結びつけているわけでもない。この点でも「桜花」は昭和初めまでの桜語りを代表するものといえる。ラフカディオ・ハーン(小泉八雲)のように、桜に死の影を濃く映す語り口はまだ一般的なものではなかった。

その一方で、伊藤銀月が提起した、なぜ桜らしさと日本らしさを重ねることができるのかという問いは封印されつづけた。後でみる和辻哲郎の『風土』はもちろん、いろいろな面でよく考えてある山田孝雄の「はな」(昭和一三年)でさえ、その点はかわらない。ほとんどの語りはそこで疑似科学でありつづけた。

桜らしい桜

そういう日本らしさ＝桜らしさの語りのなかで、桜らしい桜も見出されてくる。Ⅰ章でも引用した大町桂月の『筆艸』「日本国民と桜」の一節はこう語る。

桜花は、実に日本国民の花なり。桜花の特質を云えば、その色、淡紅にして、いや味なく、毒々しからず。ぱっと俄《にわか》に開きて、またぱっと潔く散る。群を成すに適して、満山皆花の壮観を呈出す。日本国民の特質を云えば、淡白にして、思切よく、生死に未練なく、個人的ならず、団体として、大に強し。桜の花神、化して、日本国民となれるか。日本国民の魂出でて、桜の花となれるか。桜花は、日本国民の表象なり。

古来桜花を詠じたる詩歌、すこぶる多けれども、最もよく人口に膾炙《かいしゃ》せるは、本居宣長の

敷島の大和心を人問はば　朝日ににほふ山桜花

……桜にも種類多けれども、桜の中の桜ともいうべきは、山桜なり。吉野山の桜、これなり。桜川の桜、これなり。

桂月は「吉野山の桜」＝ヤマザクラを桜らしい桜とする。この辺り、前田曙山や伊藤銀月とのちがいも面白い。曙山は「吉野桜なるものが、普通の山桜よりすこぶる美しいのは一奇とすべきである」という(→I章2)。銀月の桜花進化論では理論上、新しい桜ほど桜らしい桜になる。実際、銀月は江戸で作られた八重桜を最もすぐれた桜とした。二人とも、ヤマザクラを桜のなかの桜とはしなかった。

これは一つには、桂月の語りが人文的伝統の方により強く結びついているからだろう。桂月にも科学の文体はだいぶはいっているが、桜らしさの根拠は、本居宣長の桜の歌が広く受け入れられたことにおかれている。

ただ、昭和十年代以降の語りとはことなり、桂月は他の著作では「われ、桜の中にては、山桜を愛す」と語り、また、桜の花のどこを美しいと感じるかはそのときどきで変わるとも書いている。つまり、いろいろある桜のなかで自分はヤマザクラがいいと思うし、自分以外にもいいと思う人が多いようだ、だから自分はこれが「桜の中の桜」だと思う、という。桜らしさは一人一人の私の感じ方から切り離されていない。それがそのまま「日本国民」全体へ移行するところがナショナリズムらしいといえるが、これも当時の語り方ではよくある。

ヤマザクラをもちあげるのには、桂月が曙山や銀月とちがって、西日本の高知の出身であることも関係しているのかもしれない。だとすれば、彼の語り内外での桜らしさのゆらぎ自体が、ソメイヨシノによる桜の単一化の途上であることを映している。

大正期の飯田

ソメイヨシノが拡大していく上で、大正は大きな画期となった。

Ⅰ章で引用した古島敏雄『子供たちの大正時代』は昭和五七年(一九八二)に書かれたものだが、当時の地方の一小都市の姿をいきいきと伝えている。古島は長野県飯田市(当時は飯田町)で生まれ育った。

飯田の町は丘の上にあり、谷川という小さな川で南と北にわかれる。町の南東部には飯田城址があり、城址の東側の一番奥には旧藩主の家系を祀る長姫《おさひめ》神社、神社へつづく道の南側に飯田中学校と飯田小学校、北側に連隊区司令部と警察署と裁判所がおかれていた。城址に学校と官庁、そして旧藩の歴史に連なる新しい神社という構成は、旧城下町の多くで見られるものだ。

……この警察署・小学校の上角あたりから神社にかけて、何時の頃からか桜が道筋の両側に植えられていた。これは染井吉野で、昭和に入る頃には多くの木は幹に樹脂《やに》が吹き出し、天狗巣病にかかった細密な枝が出来て、やがて切り倒されて行った。昭和初年の軍縮の頃に町の図書館と変った連隊区司令部と警察署の前だけに残った。

小学校は建物が南側によせて作られ、北側は校庭であった。……小学校の北面する建物は、白壁の塗籠《ぬりごめ》で、明治初期の建物だった。この建物の玄関から右半分には大きな落葉樹の植込みがあったが、そのなかには桜もあったように思う。この桜は山桜であり、枝を切ることもなかったせいか、子供には一かかえもある大木であった。……

連隊区司令部の前の桜は、一本か二本町中で一番早く開いた。……

司令部の桜に春の訪れを知るのだが、例年の桜の盛りは四月七、八日頃以後になる。高校入学以後は六、七日頃には郷里を発つことになるが、その前日には町中の桜の名所を一廻りする慣わしであった。……

大正後期の桜の名所は、みんな桜並木であり、染井吉野で、若木が多かった。しかし古くからの桜は彼岸桜で、大木の孤立したものが多かったように思う。そのなかでも目立つのは枝垂桜の彼岸桜である。花は紅が濃く、密着している。寺や神社の境内、それに各所に残る古い道の辻の地蔵様や馬頭観音、観音堂などのある所に榎などと交じって立っていた。古木が多く、昭和に入る頃から消えていくものが多かった。後継木を育てる意欲が土地の人になかったとみえて、ある時期には町の周囲では眼に止らないようになった。

古島の回想はいくつかの点で注目される。

まず桜の種類とその位置である。旧城址にはソメイヨシノが植えられた。飯田だけでなく、多くの城下町で城址は軍の駐屯地や警察署の用地になっている。軍隊や国家との関連がすぐ頭をよぎるが、新しい大きな施設の景観整備にソメイヨシノはよく使われた(↓Ⅱ章2)。飯田でも大正の終わり頃にはソメイヨシノの名所があちこちにできていたようだ。

一方、明治初めにできた小学校には「山桜」が植えられている。これはカスミザクラかオオヤマザクラだろう。町なかの寺社や辻のお堂にはエドヒガン系の枝垂桜の古木が咲いていた。もともと長野県はエドヒガンの多い地域だが、柳田国男が「信濃桜の話」で示唆したような宗教的な背景もあったかもしれない。

だとしても、その信仰を引き継ぐ人間は次第にいなくなり、枝垂桜はだんだん町から消えていった。飯田は今もエドヒガンの老樹で有名だが、町全体でみれば、大正から昭和にかけて、一本桜からソメイヨシノの単品種集中型へ変わっていったようだ。江戸のように、多くの園芸品種を植える余裕はなかったのか、植えてもうまく育たなかったのだろう。

もう一つは、暦との関係である。郷里を旅立つ若者が桜の名所を一巡りする。古島は昭和四年、名古屋の第八高等学校に進む。その先には首都東京と帝国大学がまっていた。この頃には学校や官庁、企業での人の出入りも四月にほぼ統一される。古島だけでなく、多くの男性が毎年、郷里の咲き始めのソメイヨシノに別れを告げ、大都市の満開のソメイヨシノに迎えられていたはずだ。

彼の証言には実はもう一つ、注目すべき点がある。花期がずれるソメイヨシノがでてくる。他のソメイヨシノより四、五日早く咲いていたようだ。

今日では「ソメイヨシノはみな同じ」が常識となりつつあるが(↓I章1)、細かく見れば花期や花の形状にちがいはある(岩崎文雄前掲、大場秀章・秋山忍『ツバキとサクラ』)。桜は一つの枝単位で花が変異することがあるし、接木の場合、台木の方の形質が強く現れることもある。「すべての樹がすべて同じ」だと強調しすぎると、ソメイヨシノ伝承の新たな一頁になりかねない。つくづくややこしい桜である。

日本らしさと桜らしさ

桜ナショナリズムの語りにも、さらに大きな変化がおこる。

松と桜の国
（伊藤銀月『日本風景新論』表紙裏の見開きより）

これまでみてきたように、明治期には桜はまだ日本の花の一つにすぎなかった。例えば、伊藤銀月の『日本風景新論』では、日本は「桜花国」と同じぐらい「松国」でもあり、さらに程度は劣るが「梅国」でもあるとされている。松の景色の多くが人工的なものであることはよく知られているが、銀月にとっては、循環的因果が想定される植物はすべて国民性の発現なのである。『曙山園藝』でも「桜」の章は「梅」と「松」の次、三番目に登場する。大町桂月も梅をたくさん見ている。

これも明治期の桜語りの大きな特徴で、桜は梅との対比の上で日本らしい花とされている。梅とのちがいで桜らしさが語られ、それが日本らしさと結びつけられる。その桜らしさ＝日本らしさが「日本」のすべてにはなれないところに、この語りの面白さがある。桜好きが日本のナショナリティの最も重要な部分に対応しているとしても、梅好きでもある以上、桜らしさではない梅らしさに対応する部分を必ずもってしまうからだ。それは別の日本らしさの可能性を自らうかびあがらせる。

だからこそ経験科学とはつながる。日本らしさと桜らしさを頭から同じもの《ア・プリオリ》だとはいえない。それは、桜好きの程度や具体的な性質といった事実で証明しなければならない仮説であった。その分、一人一人の日本人もすべて均しく桜好きとはいえない。そこには自ずから量や性格のちがいがある。「なぜ重ねられるのか」を科学した銀月だけでなく、曙山や桂月も「好き」という経験の水準から離れることはできなかった。梅好きという東アジアの言説圏の内部にあることで、ナショナリズムの科学は科学らしさをたもっていたのである。

列島の外でも、桜は日本を代表する花木の一つであった。朝鮮半島にはもともとヤマザクラやエドヒガンが自生しているが、植民地化の後も桜を特に重視したわけではない。竹国友康『ある日韓歴史の旅』によれば、半島南部の軍港都市鎮海に日本海軍が当初植えたのは杉、松、ポプラ、アカシア、桜などであった。明治四五年(一九一二)の神武天皇祭の記念植樹には桐、松、ポプラが選ばれている。これは靖国神社境内での位置づけとも一致する(→Ⅱ章2)。

桜が大々的に植えられるようになるのは大正期で、その主力はソメイヨシノであった。これ以降、ソウルをはじめ、朝鮮半島各地に桜が植えられ、名所ができていく。列島の内でも外でも同じ春が出現しつつあったのである。

「桜の国土」の生成

ソメイヨシノの拡大自体を「国家の浸透」などで説明しがたいことは、すでにのべた。例えば、飯田の司令部の桜にも何かの由来があったのだろうが、古島少年には伝わっていない。何かの記憶であるとしても、それは短い間で消えている。けれども、一度植えられたソメイヨシノが咲く場所と咲く時期ゆえに、「一つの国家」「一つの時間」「一つの学校システム」に後から結びついたということなら、十分考えられる。

その点でいえば、たしかにソメイヨシノは日本の国家を貫く〈日本〉の存在を強烈に印象づける花であった。咲き姿がどの樹でも同じ、そしてどこでも同じというだけではない。ソメイヨシノは根づきがよく、ヤマザクラやエドヒガンが育ちにくい場所でも育った。咲き方が「同じ」だけでなく、咲くことで別々の土地を「同じ」にしていった。

あのペタッとした単調な花色も、景色を同じに見せる点では鮮烈な効果をもつ。時代はやや後になるが、住田正二「桜で想うこと」(『文藝春秋特別版　桜　二〇〇三年三月臨時増刊号』)は、学徒動員の幹部候補生として見たソウル朝鮮神宮の桜をこう回想している。

……神宮への坂道の階段を息を切らして昇った。そのとき、我々を待ち受けてくれたのは、満開の桜であった。桜の下で休息をとりながら、成蹊の桜を想った。異境の桜も、日本の桜と全く変るところはなかった。

住田が想った成蹊の桜は、大正一三年、成蹊学園が吉祥寺に移転した時から植えられたソメイヨシノの並木である。

均質化された土地に咲く均質な桜。桜はすでにナショナリズムの表象になっていた。だからこそ、そのただ一つの桜らしさはただ一つの日本らしさをいっそう強く実感させる。〈日本〉を発見する語りの浸透にそれが加わることによって、「同じ桜が咲く国土」という感覚をより深いものにしていったのではなかろうか。

そして、そのことがさらに桜をただ一つの日本らしい花にもしていった。多様な桜らしさが失われ、桜らしさがただ一つに集約されるようになれば、桜と他の花木との距《へだ》たりが大きく感じられるようになる。その分、桜も松も梅も日本の花木だ、とはいいにくくなる。他方で、一つの集約された桜らしさは、日本らしさを一つの何かに集約する語りとは結びつきやすくなる。ただ一つの桜らしさと、ただ一つの日本らしさと、桜だけが日本を代表するただ一つの花木だという感覚は、お互いにお互いをささえあう。そう考えれば、ソメイヨシノの拡大と桜語りの変化はつながってくる。

大正期をはさんで、「梅との対比で桜は日本らしい」という事実にからめた理論が、「日本人だから桜を特別に愛するのだ」という、科学がかった規範へと読み換えられていく。その舞台裏には、こうした桜景色の転換も関わっていたのではないか。

「桜の国土」の拡張

その変貌は雑誌『櫻』の上でも跡づけることができる。

『櫻』は桜博士とうたわれた三好學や井下清などが中心となり、大正七年(一九一八)に創刊された。戦前の桜を知る上で、今なお最も重要な文献である。そのためか、この雑誌そのものの性格が議論されることは少ないが、『櫻』はもちろん中立的な学術雑誌などではない。古典の詩歌や江戸の風俗、吉野の小学生の作文から、政治、園芸、植物分類学まで、幅広い文章が載っているが、それらをつらぬくのは「桜は日本の国花」という標語である。

そこでは、桜は日本を象徴する花という以上の、もっと実体的なつながりが見出されていた。その点で、明治期の桜語りよりもさらに一歩踏みこんでいる。例えば三好學は、日本産の桜は世代を重ねるごとに自然に美しくなっていくという、「桜の向上性論」を唱えた(「科学上より見たる日本の桜」『櫻』三号など)。桜は種から育てると遺伝子がまじるので多様化していくが(→I章1)、そのなかに日本らしさと美しさを見ようとしたのである。伊藤銀月が人間の働きかけの産物でもあるとしたものを、三好は日本の自然からの贈物とする。その飛躍ぶりは英文を載せる国際性や手堅い実証にそぐわない気もするが、それは現在の目による偏見なのだろう。三好の語りにおいては、科学とナショナリズムはまだ一つのものであった。「桜の向上性論」はあくまでも一つの仮説であり、前田曙山と同じく、科学とナショナリズムの幸福な結婚が未来に夢見られていた。だからこそ、素直にナショナリズムを肯定できる。大正期の『櫻』には、そんな無邪気な明るさがただよう。

大正の終わりから昭和にかけて、この「桜の国土」という観念はさらに膨張していく。空間的には、国境線の内部だけでなく、その外部にも日本らしい桜を発見して、「ここも日

創刊号の表紙

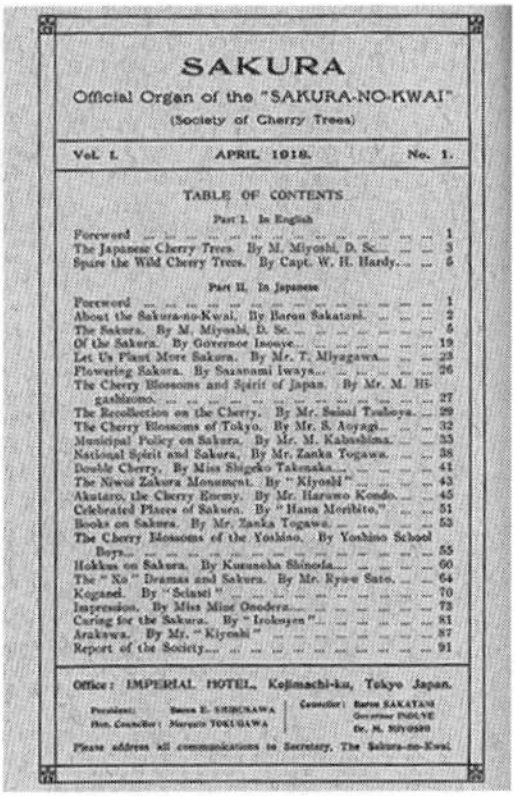
SAKURA

Official Organ of the "SAKURA-NO-KWAI"

(Society of Cherry Trees)

Vol. I. APRIL 1918. No. 1.

TABLE OF CONTENTS

Part I. In English

Part II. In Japanese

Office: IMPERIAL HOTEL, Kojimachi-ku, Tokyo Japan.

President: Baron E. SHIBUSAWA
Hon. Councillor: Marquis TOKUGAWA
Councillor: Baron SAKATANI
Governor INOUYE
Dr. M. MIYOSHI

Please address all communications to Secretary, The Sakura-no-Kwai.

創刊号の英文目次

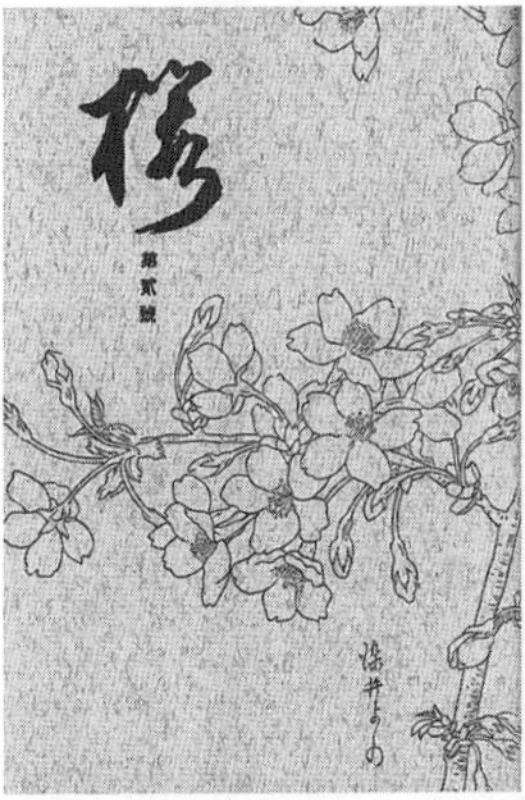

2 号の表紙

7 号の表紙

創刊号の表紙は八重桜，2 号から 6 号まではソメイヨシノだった(「染井よしの」という文字がある)．それが 7 号(大正 14 年春)からヤマザクラらしき花にかわる．英文目次は 13 号(昭和 6 年春)から消える．

雑誌『櫻』の移り変わり

本だ」とする語りが出てくる。例えば大正一一年の石川安次郎「国の表徴としての桜」(『櫻』五号)は、中国に渡った桜を紹介している。天津では李のようになったが青島では美しく咲いたとのべて、「日本の桜があの通り咲く土地である以上は……わが国と特別な関係を持つ運命をもっているのではないか」と書く。青島の桜はドイツ人が植えたものだが、多くの日本人が新たな土地に桜を移植して、そこに「日本」を確認しようとした。

それは次第に桜の実態から離れていく。ソメイヨシノにしても、植えられたのは朝鮮半島だけではない。アメリカの首都ワシントンの河畔にも咲いていた。これは明治四五年に東京市が贈ったもので、日米友好の証として今も有名だが、誰も「ワシントンも日本の領土になる縁がある」とはいわなかった。アジアでだけ、日本の桜が咲くからここは日本だ、と唱えたのである。石川安次郎もワシントンの桜には何もふれていない。

その一方で日中戦争がはじまると中国の占領地域へ、第二次大戦中は東南アジアへも、日本から桜がさかんに移植された。気候条件を無視した強引な植え方も多かったらしい。寒さに強いオオヤマザクラや暑さに強いカンヒザクラに頼ることもできたはずだが、列島内と同じ桜をひたすら送りつづけた。ただ一つの桜らしさの呪縛なのだろうか。昭和一七年の「国花進駐」(『櫻』二二号)には、そんな桜殺しを何とか押しとどめようとする井下清の悲痛な声が載っている。

その現実と観念のすきまを埋めるように、桜に似た現地の花を「〜桜」と命名する語りも現われる。最終号になった翌年の『櫻』二三号には「爪哇桜」(ジャワ)、「新嘉波桜(旧名)=昭和桜」(シンガポール)、「蒙古桜」(モンゴル)といった名前がならんでいる。帝国と同じように、「桜」も薄く広くなりながら膨張していった。田中英光が山西省鎮風塔で見た幻のように(田中英光「山西省の桜」)、その多くはもはや言葉の上だけの桜だったが、それだけに「日本」への憧憬と渇望をいっそう掻きたてるものでもあったようだ。

サイタ　サイタ　サクラガ　サイタ
内地の花　日本の花だと　結核の姉がいう
見たこともないものをことばで　覚える
大陸の「さくら」は教科書のなかに　咲いている(進藤涼子「大陸の桜」、昭和六〇年)

風土と民族

もう一つ、桜への視線の変化を考える上で見逃せないことがある。

沖縄に咲くカンヒザクラをのぞけば、ほとんどの日本の桜の花は長もちしない。十日ぐらいの間に、樹全体に花をまとう。一本の樹単位でみれば、桜はたしかに「ぱっと咲いてぱっと散る」といってよい。

けれども、桜の林となると話はかわってくる。多品種植えをすれば、一つの樹が散っても別の樹が咲く。花盛りもだんだん移り変わるから、林全体で見れば、一斉に咲いて一斉に散るわけではない。多品種植えという習慣は「ぱっと咲いてぱっと散る」特性を打ち消す方向に働くのである。

「ぱっと咲いてぱっと散る」ことが否定されていたわけではない。それも桜の美しさの一つと認めながら、それでも桜の花を長く見ていたかった。だから、多くの品種を植えて、個々の樹の特性を林全体の特性で乗り越えようとした。散る美しさより、咲き続ける美しさの方を重視したのだ。

そう考えると、井上哲次郎の「桜花」にも別の面が見えてくる。桜は集団的というが、多品種植えでは、花と樹の間と樹と林の間とでは、個と全体の関係が全くちがう。花と樹では、個の特性が全体として集まることでいっそう強調されるのに対して、樹と林では、個の特性を全体が打ち消す。

井上や大町桂月の語りはこのずれを無視する。個人主義／集団主義という観念が先にあって、それに桜を強引にあてはめたからだろう。その意味でも「桜花」の語りは疑似科学でしかないが、ソメイヨシノ化以後はこのずれも見えなくなる。単品種型では樹の特性がそのまま林全体の特性になるからだ。

いわば、井上らが桜に仮託した理念をソメイヨシノの並木は後から実現したのである。ここでもただ一つの桜らしさが日本らしさと重なり、あたかも桜とは本来そうであるかのように見せる。これもまた「絵に画いたような」桜の魔法の一つだろう。

昭和六年(一九三一)、後に『風土』にまとめられる文章で和辻哲郎はこう書く。

……あたかも季節的に吹く台風が突発的な猛烈さを持っているように、感情もまた一から他へ移るとき、予期せざる突発的な強度を示すことがある。日本の人間の感情の昂揚は、しばしばこのような突発的な猛烈さにおいて現われた。それは執拗に持続する感情の強さではなくして、野分《のわき》のように吹き去る猛烈さである。……さらにそれは感情の昂揚を非常に尚《たっと》びながらも執拗を忌むという日本的な気質を作り出した。桜の花をもってこの気質を象徴するのは深い意味においてもきわめて適切である。それは急激に、あわただしく、華やかに咲きそろうが、しかし執拗に咲き続けるのではなくして、同じようにあわただしく、恬淡《てんたん》に散り去るのである。

嵐のように通り過ぎていく、わずか十日間のソメイヨシノの春。それがここでは万古不変の自然のように語られている。

和辻は兵庫県の生まれで、ソメイヨシノ以外の桜もたくさん見てきたはずだが、桜の多様さや変遷が『風土』で語られることはない。その背後には和辻個人の遍歴や日本主義哲学の流行があるわけだが(苅部直『光の領国　和辻哲郎』)、そんな日本らしさの表象になっていくのもソメイヨシノ革命の一つの貌である。

昭和ゼロ年代後半から、桜語りは急速に観念化していく。桜を不変の自然の一部にした上で、「深い意味において」日本らしさを見出す『風土』は、その先駆けでもあった。そこには大量の死に動揺する人々の姿が透けてみえるが、観念化は「軍国主義の圧力」のような外部の力だけによるものではない。大正期の、桜と日本の間に実体的なつながりを求める視線は、桜に桜以上の観念をおしつけてしまう。新たな桜語りが根づく土壌はすでに用意されていた。伊藤銀月と和辻哲郎の距離は、そのまま〈日本〉が浸透していった深さでもある。

ソメイヨシノの拡大を思想や文化に還元できるわけではない。だが、たとえ偶然が重なった結果だとしても、それが一度実現してしまえば、あたかも必然的な根拠があったかのように読みこまれる。単一の種類の桜が列島のほぼ全域を覆うようになれば、それが桜らしさの本来の姿のように見えてくる。

4　逆転する時間

始源の桜の誕生

そのなかで桜の歴史もさらに書き換えられていく。ヤマザクラが桜の始源として再発見されてくるのである。

意外に思うかもしれないが、吉野のヤマザクラの旧さが強調されるようになるのは、そんなに旧いことではない。桜の整備がはじまった頃には、吉野でもソメイヨシノが植えられている。吉野だからヤマザクラ、というわけではなかった。

語りの上でも、『曙山園藝』は「吉野山は天下第一の花の名所として何人も首肯する所で」としながら「しかしこの山の桜は何れの時代に栽えられたものか、それとも自然の桜の野生か……全く漠然としてわからない」という。『古今集』以来吉野の桜が詠われてきたことや南朝の史蹟も追想されているのだが、旧さ自体に特別な意味は見出されていない。伊藤銀月の桜花進化論では、むしろ旧さは劣っている証拠になる。

「日本は桜の国」という言葉にしても、曙山や銀月は「なぜ日本の桜は美しいか」を科学的な実験や理論で解明できると考えていた。雑誌『櫻』でも、桜に強い精神性を読みこむ語りは大正期にはほとんどない。陸軍中将堀内信水の「桜と大和魂」(八号)が異彩をはなつくらいである。同じ号の坪谷水哉「吉野礼賛」は吉野と小金井を比較して、小金井の方が数が多いが、吉野は「眺望の多種多様なること」「花期のはなはだ長きこと」「幾多の史跡に富めること」で勝るという。吉野は桜の名所の一つであり、その旧さに特別な意味は見出されていない。

三好學は吉野を「桜の淵源」とよんでいるが、それは吉野から京都へ桜が移植されたという事実にもとづく。「昔の桜今の桜」(四号)では、松ではなく杉を背景にする吉野は「桜には不向き」とも書いている。人工的なものだとよくわかっていたのだろう。

語り方が変わるのは昭和一〇年前後からである。例えば昭和九年(一九三四)の大照晃道「上野公園桜の由来」(『櫻』一六号)は次のようにのべる。

……上野公園の桜はただたんに観賞の為にのみ植えられたのではありません。もっと意義深い宗教的精神がその処に包蔵されていることを思います。……

大師が特に吉野桜を選ばれたまいしことについては……云い知れぬ深い因縁が存ずると思うのであります。……吉野は大和民族のその精神の権化として、桜を愛好しているのでありますす。……この民族精神を取って以て東叡山に移し植えられたと云うことは、その処に大師の鴻大なる御心の在ることが拝されるのであります。……花時なども吉野式で……この花時について古来より上野は四月三日と云われております。神武天皇祭を以て花の開花時に日取りを合せるなど、どこまでも日本魂式で面白くはありませんか。


吉野の桜を植えたという伝承や、花期が少しずつずれるのを吉野山になぞらえたという事実の向こうに、大照は民族精神の運動を見出す。桜そのものに精神を発見した上で、それが吉野から発したものだとするのである。上野は吉野のいわば複製《クローン》であり、花期の長さも開花日が四月三日なのも「日本魂」の現われだという。

桜を国民性のたんなる象徴や反映、あるいは日本らしさのメカニズムの作動の結果として見るのではなく、桜そのものに何か強い観念や精神の運動を見る。この種の精神論はナショナリズムの科学とちがって、論証や実験といった科学的手続きのさらに上位に立とうとする。科学を無視するのではなく、有利な結果がでた場合には科学性を強調し、不利な結果がでた場合には特別な論理、和辻の言葉をかりれば「深い意味」なるものをもちだして、無効化する。そうやって観念のなかに閉じていくのだ。

大照の語りでいえば、I章でみたように上野はエドヒガン系の名所で、三月中旬に咲きだすといわれてきたのだが、その辺はあっさり無視されている。もし指摘されても、おそらく、エドヒガンをふやしたのは徳川幕府の方で、開花日が四月三日になったのも王政復古で本来の姿に戻ったからだ、と答えるだろう。

精神論はすべてを精神の流出の結果だとする。だから、精神にあたるものが時間的にも先行する。旧いものほど精神が純粋な形で現われるとして、旧さに特別な意味価をあたえる。目に見える桜の向こうに〈日本〉を見出すことは同じでも、この点で、ナショナリズムの科学と桜の精神論は大きくちがう。前者の「起源」は論理的な原因であるのに対して、後者での「起源」は論理を超えて、時間的な始まりへすべてを還元する。

こうして桜の精神論はヤマザクラを始源の桜として再発見する。ヤマザクラの旧さに(それが文献の上で旧いのかそれとも実際に旧いのかを問わずに)桜らしさ＝日本らしさの最も純粋な姿を見出す。さらに、旧ければそれだけ人間の手が関わっていないわけだから、それは最も自然に近い。桜らしさ＝自然＝日本らしさという図式が、ここにできあがる。

書き換えられる歴史

昭和一〇年、佐藤太平は『櫻の日本』でこう書いている。

　我国の桜の本源地は、なんと云っても大和地方であって、この処を母胎として、山桜は吉野より八重桜は奈良より四方に移動繁殖されていた。尤《もつと》もこれら吉野や奈良の外にも古くから関東には常陸の桜川、奥州の東稲山などあったが、しかし大体桜は西方より東方へ移動しつつあった。桜は都府をなす処必ず繁栄していたもので、文化の移動とともにその運命を共にしている感がある。

　ヤマザクラは西日本に自生する。つまり、吉野にも他の場所にも同じように生えていたはずだが、それが吉野という始源からの伝播に読み換えられていく。その後の「八重桜」は今の奈良八重桜《ナラノヤエザクラ》を頭においているのだろうが、これはカスミザクラがただ八重咲きになったものだ(川崎哲也前掲)。

八重咲きは桜にはよくある変異で、桜の自生地ならどこにあってもおかしくない。例えば兼六園熊谷《ケンロクエンクマガイ》や佐野桜《サノザクラ》は八重咲きのヤマザクラである。中世の京都では吉野のヤマザクラを移植した事例がいくつもあるし、「いにしへの奈良の都の八重桜……」の歌で知られるように、わざわざ奈良から八重桜を運んで観賞したりもしたが、だからといって、列島中のヤマザクラや八重桜が奈良県から来たわけではない。

桜の精神論はそこもあっさり飛び越える。最も旧いヤマザクラや八重桜が吉野や奈良に見出される以上、それが最も純粋で、最も自然で、最も日本らしい。だから、他のヤマザクラや八重桜は、その始源から流れ出したものでしかありえないのだ。『櫻の日本』は各地の名所の由来をていねいに考証した本で、伝承の真偽も検証しているが、桜の歴史全体では新たな起源の物語を紡ぎだしている。

その二年後、『櫻と日本民族』では精神論にもっと踏みこむ。

桜の中でも国民の最も愛好する処のものは山桜で、……濃艶な扮《よそおい》を凝らした里桜よりも、自然そのもののような姿を擁して咲いている山桜は心ある人よりは却って美しく清く映じていた。園芸的人為的なものよりも、大自然の力によって育まれたものに本統の真理がこもっている。これ等を兼好法師に云わしむれば、「花はひとえなるよし、……吉野の花、左近の桜皆ひとえにてこそあれ、八重桜はことようのものなり……」と云って、山桜の美を讃えているのである。八重桜の散り際はきたなきよりも、山桜のパット咲いて潔よく散れると云う処、民族的精神と相通っているのである。……

桜に備えている徳……は、同時に国民の精神のその内容を為しているものであった。しかも向上発展の性に富める、土をともにして、その精の植物となっては、山桜となり、人となっては大和民族となったものであろう。

「吉野はすべて一重」という言辞《フレーズ》は『徒然草』以来のものだが、もちろん吉野にも八重咲きのヤマザクラはあった(三好「昔の桜と今の桜」前掲など)。佐藤太平も読んでいるはずだが、あっさり無視している。その一方で、「向上性」の話は取りこんでいて、園芸品種の里桜はヤマザクラからできたという説も受け継いでいる。

こうしてすべてが吉野のヤマザクラへ、始源の桜へと還っていく。

おお櫻
櫻は太初の溶岩に根ざし
われらが父母《ちちはは》の骨くされたる
つめたき腐葉土の中より現われ
いま　かがよいて
われらが現実の中に花ひらく
……
海の断崖
われらが先祖《みおや》の凡ゆる土に
いまこそ
咲きてみだれよ
燎乱として光りなだれよ

（村野四郎「火の櫻」、昭和一七年）

「山桜」の同心円

佐藤太平の伝播説はやや乱暴な議論で、香山益彦・香山時彦『櫻』(昭和一八年)などはもっと冷静だが、同時代の植物学の言説から大きく離れているわけではない。

戦前は「山桜」という名称が広く使われていた。これには三つの意味がある(図II-1)。第一は「里桜」に対する「山桜」で、園芸品種でない桜全体をさす(山桜①)。第二はそのなかの一グループ、現在のヤマザクラ群にほぼあたるものをさす(山桜②)。第三は現在のヤマザクラをさす(山桜③)。これは「白山桜《しろやまざくら》」ともいわれるが、ただ「山桜」とよばれることも多い。

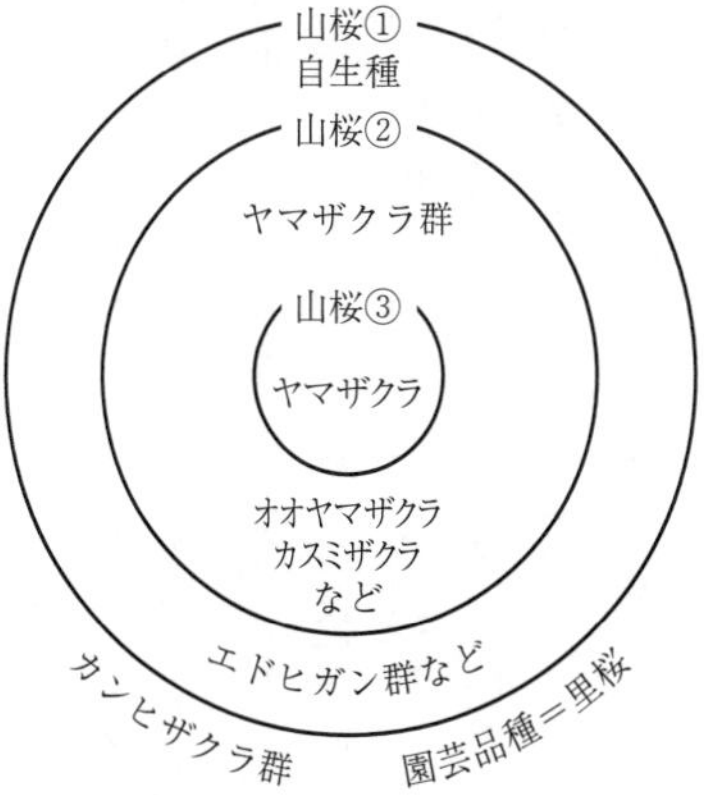

図II-1 「山桜」の同心円

例えば、三好學が「日本の桜は山桜」というときは、山桜②つまりヤマザクラ群のことが多い。これにはオオヤマザクラやオオシマザクラも入るから、九州から北海道、さらには朝鮮半島、樺太、沿海州まで「山桜」は咲いている。だから、こういっても植物学上はまちがいではない。むしろ自生域が大日本帝国の領土にかなり重なる点でも、「日本の桜は山桜」といえる。

一方、古典文学に出てくる「山桜」は山桜①である(カンヒザクラは微妙だが)。「日本人が詠ってきた山桜」の「山桜」も、本当は山桜①なのである。江戸時代の分類はこの用法に強く引きずられており(→Ⅰ章2)、これが「山桜」の元来の意味なのだろう。それに対して、「本居宣長が愛した山桜」「吉野の山桜」というときの「山桜」は山桜③、ヤマザクラである。

三好はある程度注意して使っているが、「日本の桜は山桜」と語られる場合、ふつうこの三つを厳密に区別しない。「山桜」とは自然に咲く桜であり、日本語の文学がずっと詠ってきた桜であり、大日本帝国のほぼ全域で咲く桜であり、本居宣長が大和心を見た桜であり、吉野に旧くから咲いている桜なのである。

三つの「山桜」は同心円をなす。山桜③のヤマザクラは山桜②でもあり、山桜①でもある。それをさらに拡大解釈すれば、ヤマザクラこそが大日本帝国を最も代表する桜であり、最も日本語で詠われてきた桜であり、最も自然に近い桜になる。桜の中心にある桜、まさに始源の桜にふさわしい桜である。起源の遠近法がこうしてできあがる(→Ⅰ章2)。

すべての桜語りがそうだったわけではないが、古典文学の伝統(＝山桜①)と大日本帝国の植生(＝山桜②)を同一視するには、こういう語り方が必要になる。実際、大町桂月の語り方はこの同心円に近いし(→Ⅱ章3)、三好學も古典文学に言及するときには、二つをたやすく混同する。その延長上に、ヤマザクラ（＝山桜③）を最も桜らしい桜として発見するのは、ごく自然な成行きである。

それだけではない。桜の精神論のような、神秘的な何かを桜に求める視線からすれば、この同心円そのものに「深い意味」があるように見える。「山桜」を三重の意味で使いつづけていることと自体が、ヤマザクラが桜の中心にある桜であり、始源の桜である証拠に見えてくる。

その分厚い観念は現実のサクラをかんたんに押しつぶす。昭和一〇年、東京市はマニラ市へ友好の証として、「白山桜」七〇本、「紅山桜」三〇本を贈った（『櫻』一九号）。無謀な移植の一例で、特に「紅山桜」＝オオヤマザクラは東日本や山地の寒い土地に咲く桜である（↓Ⅰ章1）。日本でも暖かい地域には自生しない。それでも選ばれたのは、これが言葉の上で「白山桜」＝ヤマザクラと対になるからだろう。

日本らしさの超自然学《メタフィジックス》

『櫻』二三号には、東京帝国大学の植物学教授本田正次のこんな文章も載っている。

あをによし寧楽《なら》の京師《みやこ》は咲く花の　薫《にお》ふが如く今さかりなり　（小野《おのの》　老《おゆ》）

聖武天皇の御代に老が天皇の皇居のある奈良の都を満開の桜の花にたとえて詠んだもので天平時代の誠に美しい国土礼賛の歌である。……「咲く花」とはいうまでもなく桜花を意味し、……しかも桜といえば特別に何桜と断らなくても国花山桜であることは「薫ふが如く今さかりなり」という美しい句でも十分読取ることが出来ると思う。……

しきしまのやまと心を人とはば　朝日ににほふ山ざくら花　（本居宣長）

……宣長が漠然と桜といわないで、山桜とはっきり明示した所に私は常々感服しているのであって、宣長は国学者として大であるだけでなく、また科学者としての偉大さも伺われるのである。……山桜は他の桜品と比べて遥かに優越した地位にあり、国華の名を擅《ほしいまま》にするのも敢て偶然でなく、もちろん宣長以後に生れ出た染井吉野などを彼が相手にする筈がないことは歴史に徴しても明らかな事実であって……。（「愛国百人一首に現れた桜」）

「いうまでもなく」「断らなくても」という断り書きがかえって苦しげだが、ここではヤマザクラの日本らしさは、一人一人の好みから完全に切り離されている。偉大な国学者兼科学者本居宣長が直観した真理になっているのである。実際にはすでに多くの指摘があるように、桜語りの上では、宣長はメタフィジカルな〈日本〉を発見しているわけではない。彼は根っからの桜好きで、好き嫌いはきついが、あまり観念的な語り方はしない。むしろ、宣長に起源を求める眼差しの方が〈日本〉を見出す視線の反映なのである。

本田正次は戦後になると、「ソメイヨシノは生長が早く、花つきがよく、昔ながらの花爛漫のたとえに合うというので人々の評判もよく、いたるところで歓迎された」(『サクラ　故郷はヒマラヤ』、昭和五二年)ともっと穏和な語り方にかわるが、「山桜」的な語りは全く消えたわけではない。例えば昭和四五年(一九七〇)に出た小清水卓二の『万葉の草・木・花』ではこう書かれている。

染井吉野という……種類の桜は、気品が少く、散り果ての姿がいかにもみにくいものである。……どのような地勢に植えられても、またどのような場所に植えられても全く無頓着で、その表情に変りがない。つまり背景的環境を必要としない、また背景の様子を選まない極めて庶民的な桜である。……なおこの桜の原生地は、吉野には無関係で済州島が本家であることもわかった。……

彼岸桜という仲間でも、特に枝垂彼岸桜は、格別その背景の種類を選む。この桜の背景として最もふさわしいのは伽藍《がらん》である。……彼岸桜の類は、まさに日本の人工美術、特に古美術と共に生きている感がある。……

桜の中で、日本の精を包含した花として謳歌されるものは、山桜系である。この桜の類は何れも、花と葉が同時に開くいかにも清浄なすがすがしいもので、多種多様の変種があるが、みなその背景を必要とし、しかもその背景は人工的な物体でなく、どこまでも大自然そのもの、例えば常緑樹や、山川渓谷等の自然的背景が配されてこそ、真のよさや、真の表情が現われるものである。……

里桜系の桜の花は、濃艶に過ぎて人にこびるきらいがあるが、奈良八重桜だけは全くそのきらいがなく、気品に富んだ清浄無垢な優雅そのものの桜である。


小清水は個体数の多さと変種の多様さから、サクラの原産地は日本で、特に「ヤマザクラ系統の本場は、大和付近ではないか」ともいう。ヤマザクラの自生域を東アジア全体でみるかぎり(図Ⅱ-2)、この桜は日本の桜というより、網野善彦らのいう「環東シナ海地域」の桜なのだが。

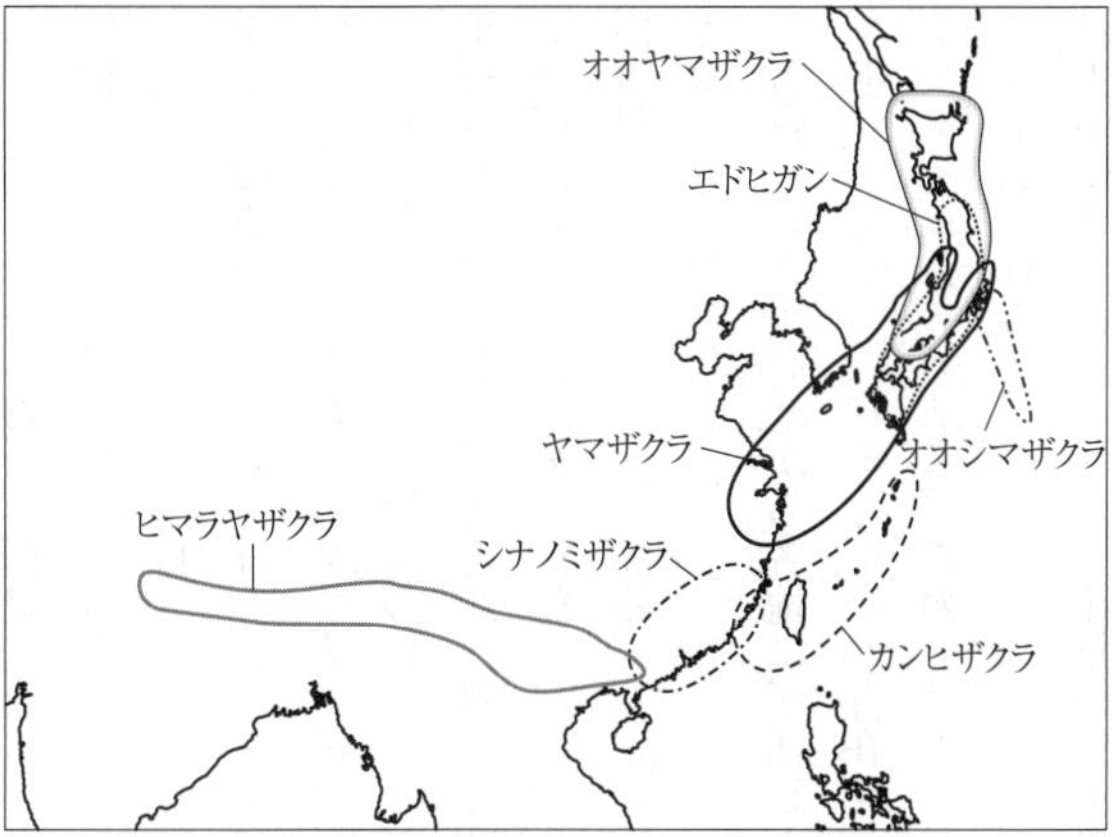

図 II-2　アジアの桜の自生域
(染郷正孝『桜の来た道』より．なお図 I-1 とは一部ちがっている)

始源の桜語りでは、ソメイヨシノには低い価値しかあたえられない。新しい桜であり、済州島か伊豆半島周辺か江戸か、いずれにせよ日本文化の本来の中心地から遠い地で生まれ、人工的に増殖していった不自然な桜である。

今でもこういう語りはしばしば見かけるが、旧い桜ヤマザクラ／新しい桜ソメイヨシノという図式は、桜ナショナリズムのなかでもむしろ新しい層に属する(→II章3)。時間的な旧さを重んじるのは桜の精神論の特徴であり、ソメイヨシノが列島内外に拡大した後で、有力になった語り方である。

もっと興味ぶかいことがある。始源の語りにおける「ヤマザクラ」の姿は、よく見ると、ソメイヨシノそっくりなのだ。すでにのべたように、ソメイヨシノは日本列島や大日本帝国に同じ春を創りだした、つまり「日本」を一つの桜で覆っていった。それが「日本を一つの桜で代表させる」ことにリアリティをあたえた。

桜らしさもただ一つ、日本らしさもただ一つ。二つの単一さがお互いにお互いの根拠となる。まずその点で、この語りはソメイヨシノ的である。それがほとんどヤマザクラだけが集まって咲くという、吉野のきわめて人工的な景観を「大自然」に見せてもいる。

そればかりでない。始源の桜の語りのなかでは、ヤマザクラはすべて一重というイメージが重視される。これが現実とかけ離れていることもすでにのべたが、すべて一重で咲く桜が一つだけ存在する。いうまでもなく、ソメイヨシノである。クローンでふえるソメイヨシノは元の樹の形質をほとんど保存する。あたり一面の桜がすべて一重という光景は、ソメイヨシノならではのものなのだ。

吉野という中心地から各地に伝播したという「歴史」もまたそうである。現実にこういう形で拡がっていった桜もただ一つ存在する。いうまでもなく、首都東京から地方へ拡大していったソメイヨシノである。この「歴史」では桜の種と桜を愛でる文化がいっしょに伝播したかのように語られるが、そういう広まり方をした桜も、やはりただ一つだけ存在する。大量複製され集中植栽されることで、花見の姿を現在のものに変えていったソメイヨシノである。

要するに、「日本を広く同じように覆う桜」「すべて一重で咲く桜」「中心から周辺へ伝播していった桜」という、始源の桜の語りがヤマザクラに見た特性は、ソメイヨシノで実現されたものであり、ソメイヨシノの前にはなかったことなのだ。もちろん、例えば「吉野の桜はすべて一重」は吉田兼好がいいだしたことで、これ自体が空想の産物、理屈に走りがちな一人の桜好きの観念の産物である。だからこそ桜の精神論にはよくあうわけだが、ソメイヨシノに見慣れた目にはこれも現実っぽく映る。

「日本を広く同じように覆う桜」「中心から周辺へ伝播していった桜」でも同じだ。これらも現実ではない、もしくは現実だと立証されていない。あるいは、伝播の内容がちがってくる。その意味で空想といわざるをえないが、これもソメイヨシノに見慣れた目には現実に見えやすい。目の前のソメイヨシノを、ただ頭のなかでヤマザクラに置き換えればよいからだ。想像力をほとんど必要としない点では、たしかにこれは現実にきわめて近い空想なのである。

ソメイヨシノが桜の精神論をつくりだしたわけではないが、ソメイヨシノを見慣れた目には、桜の精神論が語る始源の桜の姿がより現実《リアル》に感じられる。桜の理想として語られてきたことの一部がソメイヨシノによって実現され、その一部があたかも桜の理想の中核であるかのように見えてしまう。そういう起源の遠近法が、始源の桜ヤマザクラの語りにも働いている。

明治以降の日本史は、近代国家日本の歩みを古代に投影することをくり返してきたが、桜の歴史語りも同じなのかもしれない。

逆転する時間

現在の私たちは桜の精神論以降、始源の桜の語り以降を生きている。I章でも、そしてこのII章でもみてきたように、その一部を引き継ぐ語りは今も多い。そのため、ソメイヨシノとヤマザクラはしばしば対照的に語られるが、この二つは本当はかなりよく似ている。平均的な花期もごく近いし、花もだいたい一重。

色彩も似ている。ヤマザクラは花と同時に褐色に近い葉芽がでてくる。その微妙な色の綾がこの桜の特徴で、特に赤芽(芽と若葉が赤褐色のもの)が美しいとされる。本居宣長は『玉勝間』で、たくさんの花の間に赤い細い葉がまじる様子を「この世のものとは思えない」と絶賛しているが、裏返せば、朝日に照らされる赤芽のヤマザクラなどでは、花と葉の色が強い対照《コントラスト》をなさない。

ソメイヨシノの親の一つであるオオシマザクラと比べると、それははっきりわかる。オオシマでは葉の緑と花の白が互いに強調しあい、なかなか「花雲」には見えない。それに対して、花と葉の色が調和するヤマザクラは、遠目には「花雲」に見える。そして、葉が出る前に一面に花をつけるソメイヨシノは、近くで見ても「花雲」に見える。

オオシマの白と緑が色調上の対立色なのに対して、ヤマザクラの花と赤芽は同系色で、色彩的にはソメイヨシノの方に近い。実際、この二つは意外なくらい区別されていない。ヤマザクラを「桜の中の桜」とした大町桂月も「東京付近に山桜あるは、ただ小金井のみなり」と書いており、正確に見分けていたわけではない。

今でも、例えば靖国神社の桜の三本に一本はヤマザクラである(→Ⅱ章1)。上野公園でも約一三〇〇本の桜のうち、ソメイヨシノは五六〇本ほどで、半数にみたない(小林安茂『上野公園』)。「東京生まれの東京育ちなのでソメイヨシノしか知らない」という人がときどきいるが、そんなことはない。区別がついていないだけだ。

東京にかぎらず、各地の名所でヤマザクラはソメイヨシノに交じって咲いている。二つの咲き姿が本当に大きくちがうのなら、見た瞬間に「妙な桜がある！」と気づくはずである。ところが、八重桜やオオシマに気づく人は多いが、ヤマザクラに気づく人は少ない。視覚的にはソメイヨシノとヤマザクラはかなり似通っているのである。どちらも「一面の花色」を思わせる。

本居宣長や前田曙山はそういう色彩が好みだったようだが、素性《そせい》法師の「見渡せば柳桜をこきまぜて……」から『江戸名所図会』(→I章2)や明治の風景論まで、桜の花は緑と互いに引きたてあってこそ美しい、という語りはずっとある。多品種植えの名所や庭園でも、桜の花と緑は交じりあうのがふつうであった。

「白砂青松」というように、白とあざやかな緑は互いに際立つ。江戸の「白桜」はまさにそんな桜だったし(→I章1)、口絵の錦絵でも、紅と緑がくっきりと対照されている。八重桜でも、例えば菊桜《キクザクラ》の柔らかな桃色と若葉の薄緑はうまくあう。こちらは色相上の対立色である。大正以前の桜語りにはそういう、緑を交えた対立色の美しさがしばしば出てくる。同系色でまとめた「一面の花色」がいいという語りももちろん昔からあるが、それはあくまでも桜の美しさの理念の一つにすぎない。「緑を交えて」と「一面の花色」は、どちらも伝統的な桜らしさなのである(図II-3①)。

ところがソメイヨシノが日本を覆っていくにつれて、「緑を交えて」の方が消えていく。『櫻』創刊号に寄せた「桜に対する希望」のなかで、当時の東京府知事井上友一は「一目千本」「万朶の桜」「桜の隧道」的な名所の多さを嘆き、「桜のある処には必ず緑樹を」と訴えている。

井上は銀月や曙山と同じく明治四年生まれ、金沢で育った人だ。金沢は八重桜の伝統を今も残す土地だが、全国的にみれば、この流れが逆転することはなかった。「一面の花色」だけが

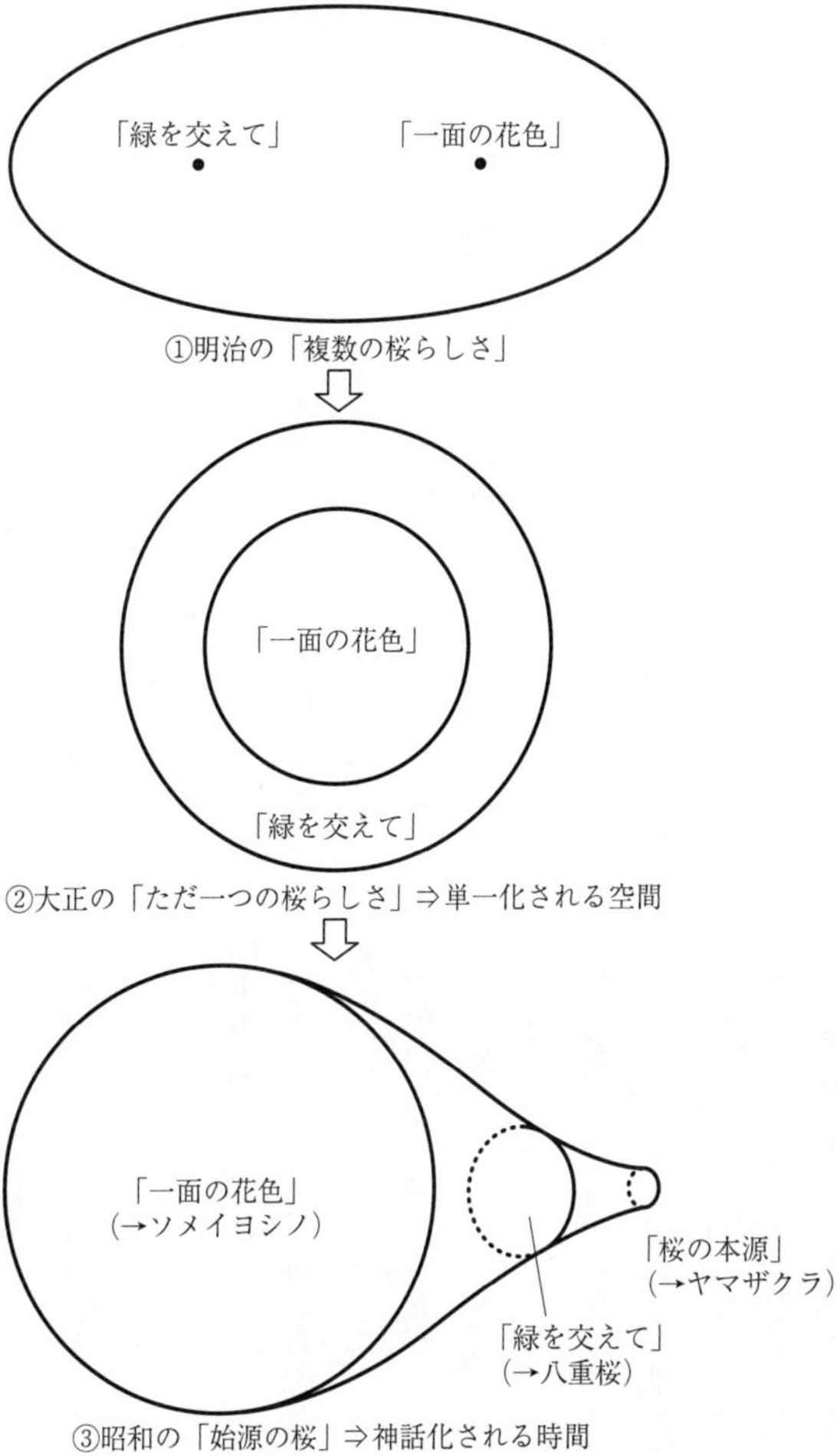

図 II-3　多様な桜らしさから桜の同心円へ(時代区分は大まかなもの)

伝統とされ、桜だけが日本を代表する花木になる(図II-3②)。日本を「桜花国」でも「松国」でもあるとし、桜の美しさを花と緑の対照にみた伊藤銀月のような語りは消えていった。

見出された起源《オリジン》

少し専門的なことをいうと、これは歴史上一回切りの出来事なので、「こうなったからああなった」みたいな因果を科学的に証明できるわけではない(実験のように、同じ事態がくり返されないと科学的な検証はできない)。だから、厳密にいえるのは、(1)ソメイヨシノの拡大と、語りのなかでの桜らしさの変化、さらには語りや植栽上での桜の位置づけの変化がほぼ同じ時期におきて、(2)それらの間に内容的なつながりを想定できるということだけである。だが、それだけでも「日本」と桜との関わりは全くちがった見え方をしてくる。

井上友一の言葉からもわかるように、吉野のヤマザクラの色彩は「一面の花色」の方に近い。ソメイヨシノはその理念を極端な形で実現した。だからこそ、ソメイヨシノは「偽吉野」で、人々は騙されたのだという伝承が広まったのだろうが、逆にいえば、ソメイヨシノを見慣れた目にはヤマザクラ、特に赤芽のヤマザクラは「素朴なソメイヨシノ」「原始的《プリミティヴ》なソメイヨシノ」に映る。「ソメイヨシノの前はヤマザクラが日本の桜だった」と聞くと、なるほどと納得してしまう。

その点で、ソメイヨシノ以降を生きる人間はヤマザクラを起源として発見しやすい。その上さらに、ソメイヨシノの均質性や拡大の歴史は始源の桜の語りに強い現実感をあたえる。その結果、似通った二つの桜がことさらに差異化され、正反対のように語られていく(図II－3③)。こうして、「緑を交えて」だけでなく、ソメイヨシノにヤマザクラ以上の「一面の花色」を見る曙山のような語りも消えていく。一二九頁でみた雑誌『櫻』の表紙にも、そんな「歴史づくり」の歩みがきれいに映し出されている。それは歴史を起源の反復の形で理解したがる人間の性《さが》なのかもしれないが、そういう意味でもソメイヨシノは「革命」の花なのである。

起源と終端。原点と現在。旧い桜ヤマザクラと新しい桜ソメイヨシノ。そこではあたかも起源が終端を、原点が現在を、旧い桜が新しい桜を創りだすように見えるが、本当は終端が「起源」を、現在が「原点」を、新しい桜が「旧い桜」を創りだしている。旧さが新しさを創るだけではない。新しさも「旧さ」を創る。始源の桜ヤマザクラという物語や、「明治三年のソメイヨシノ」という物語はそのなかで育っていったのではなかろうか。幾重にも自己複製し、反響し共鳴しあう起源の物語たち。

ソメイヨシノの歩み——それはまさに起源への旅であった。

Ⅲ　創られる桜・創られる「日本」

1　拡散する記号

花の時間と人の時間

桜に桜をこえた何かを見出し、そこに桜らしさの根拠を求める。敗戦後もその語り方は根底的に変わったわけではない。この本のなかでも、この種の語りにもう何度も出会ってきたことから、それはよくわかるだろう。

とはいえ、戦後は戦前のたんなるつづきでもなければ、くり返しでもない。

戦後のソメイヨシノの歩みを一言で表すとすれば、「拡散」というのが一番ぴったりする。まず何よりも樹の数が爆発的にふえる。ソメイヨシノ拡大の話は敗戦までで終わることが多いが、この桜を本当にあちこちで見かけるようになるのは戦後である。新設の学校の校庭や小公園、暗渠、住宅地の街路。そんな身近な空間にも、ソメイヨシノは進出していった。

とりわけ高度成長のなかで、都市でも農村でも旧い建物がこわされ、地面がほりかえされ、土地が名前をかえていった。旧い地名が削られ、記憶が消されていく。その後を追いかけるように、小さな桜の名所があちこちにできていった。まるで引き裂かれ、傷だらけになった裸顔を厚い化粧で覆いかくすように。成長が速く、周りをぬりつぶす濃密な花をつけるこの桜の特性が最も活かされたのは、戦前の記念公園づくりよりも、戦後の列島改造かもしれない。

相関芳郎『東京のさくら名所今昔』によれば、戦争前に東京都の街路樹のうち、桜は六千本余り。それが昭和五十年代後半には一万二千本をこすまでになる。その大部分がソメイヨシノである。戦前には街路に八重桜並木もあったが、戦後は消える。

由緒を背負う桜がはっきり目立たなくなるのも敗戦の後からである。佐藤太平『櫻の日本』でみると、昭和一〇年(一九三五)に東京市内に現存する桜の名所三六ヶ所のうち、由緒型は一七ヶ所で、ほぼ半数を占める。ソメイヨシノ流行の発信地だったこの都市でさえ、昔ながらの名所はまだかなり生き残っていた。桜の名所といえば無名のソメイヨシノの樹がたくさん、というのは戦後の常識なのだ。

土地をぬりかえていく桜。それは裏返せば、新しい「故郷」づくりでもあった。土地の記憶は新来者をはじく力となる。戦後の都市が旧い地名や記憶を失っていったのは、それだけ多くの人間が都市に移り住まなければならなかったからでもある。そんな新来者にとって、旧い記憶を消し去るソメイヨシノの並木は、「第二の故郷」を飾ってくれる花であった。戦前とはちがった形でだが、ソメイヨシノはやはりその新しさによって、新しい社会を彩ったのである。そこにはこの桜の寿命も関わっている。ソメイヨシノは密集して植えた場合、五十年から七十年で枯れていく。十分に手入れをすれば百年以上もつ樹もあるが、ほとんどのソメイヨシノはあまり手入れをされず、枯れていった。

五十年から七十年。それはちょうど人一人の寿命と同じ長さである。事実、ソメイヨシノの一生は人間の一生とほぼ同じサイクルをたどる。十年余りでそれなりに見える花をつけ、二十年で花盛りを迎え、五十年をすぎた頃から衰えはじめ、七十年で枯れていく。日本の都市では、家も街路も住む人たちも五十年ぐらいしかもたない。

そのことがこの桜に独特の時間感覚をあたえたように思う。ソメイヨシノは一個人の歴史に結びつきやすい。自分だけの想い、自分だけの出来事の記憶を託すのにちょうどよい花なのだ。それに対して、もっと寿命が長い桜は、個人をこえてつづくもの、例えば家やムラ、町の歴史に結びつきやすい。ヤマザクラは寿命がほぼ二百年ぐらい、立派な花がつくのも二十年かかる。ヤマザクラは人間が二代かかって育てる桜なのだ。エドヒガン系になると、もっと寿命が長い。古木といわれる樹は樹齢数百年。ムラや町そのものと同じくらい長く生きる。町や村のはじまりの記憶、「故事来歴」や由緒を背負う桜になりやすい。

それゆえ、昔の記憶を自分のものとして引き継ぐ人間がいなくなれば、由緒ある名桜も消えていく。古島敏雄が経験した枝垂桜の消滅は、正確にいえば、信仰心の衰えというより、そういう記憶の継承がとだえたことによるのではなかろうか。人が保持する記憶の時間幅が数十年になる。一人の人間が経験した出来事の意味や想いは、原則として、その当人だけで終わる。誰もそれを無理に継がなくてもよい。

近代社会ではそういう形で意味や感情が個人化されていく。それがソメイヨシノ普及の力にもなっていた。個人化の流れは明治の近代社会の導入とともにはじまるが、戦後になって急激に拡大していく。旧い土地の記憶を消し去った跡にソメイヨシノが植えられたのにも、そういう理由があったのではないか。

拡散する物語

それはもう一面では物語の拡散でもあった。

ソメイヨシノ拡大の話が戦前で終わりがちなのは、戦後になると国家やイデオロギーといった「大きな物語」を見つけにくくなるからでもある。裏返せば、桜の向こうに強い観念を見出す語りの圏内に私たちは今もいるわけだが、大きな物語の見つけにくさは、一つにはソメイヨシノの量的拡散の結果でもある。

大きな物語は特別に強い意味を主張する。だから、それに結びつく記念物《モニュメント》やアイテムも特別な何かでなければならない。明治の初めの流行りはじめた頃ならば、ソメイヨシノも新奇な桜で、伝統的な美しさをまったく新たな形で実現した花だったから、その要請に応えることもできただろうが、あたりまえのものになれば、新奇さはどうしても薄らいでいく。

建造物であれば、新たな様式で建てかえていくことができる。人間であれば、旧い世代は自動的に老い、新しい世代が登場してくる。どちらも、時代にあわせて様式更新《モデルチェンジ》できるが、桜はかんたんには取り換えられない。特にソメイヨシノはクローンなので、ずっと「同じソメイヨシノ」を見ることになる。陳腐化はさけられない。

それは本当は戦後にはじまったことではない。ソメイヨシノが拡大していく途上で、つねに起こりつづけてきた。ソメイヨシノの拡大につれて、ソメイヨシノではなくヤマザクラの方が桜の原点として、いわば桜なるものの意味の源泉とされたのも、そういう表象の力学が働いたからかもしれない。逆にいえば、原点になれない、明確な焦点を結べない点で、拡散するソメイヨシノは戦後らしい桜となった。

戦後の桜語りのなかで、桜に深い意味を求める様式が広く普及する一方で、語られる内容は大きく散乱していく。いわば一人一人が思い思いに、桜に深い意味を見出すようになっていったのである。

その姿はどこか戦後の社会と大きな物語の関係を思わせる。戦後の社会は大きな物語を必要としなくなったのではない。むしろ、あたかも必要ないかのようにごまかした。例えば、それこそ二〇歳男性人口の四倍近い膨大な死者をどこにも位置づけられないまま、宙吊りにしつづけた。「悲惨な戦争」という形でその意味をひたすら個人化しながら、野球や学生運動で戦争の模擬を演じつづけた。それは列島改造による第二の「故郷」づくりにも通じる。桜に結びつく物語だけでなく、大きな物語そのものが拡散していったのである。そのあてどなさを、私たちは桜に引き受けさせてきたのかもしれない。

記憶や感情の個人化はしばしば、個人レベルの記憶や感情を強く何かに刻みこみたいという欲望へ転化する。刻みこむ内容はばらばらでも、刻みこみたいという欲望は広く共有される。桜の拡散と物語の拡散が進むなか、戦後のソメイヨシノはそんな形で記憶の媒介になっていったのではなかろうか。

もし大日本帝国がつづいていたら、首都東京にももっとヤマザクラが広まっていただろう。ビルがたてば潮風も弱まる。皇居の周りや帝国大学もヤマザクラで飾られ、靖国神社の境内もヤマザクラの森へ変わっていったのではないか。「環東シナ海域の桜」という性格も、帝国にはかえって好都合だったはずだ。

現実にはそうはならなかった。空襲も帝国の解体も高度経済成長も、ソメイヨシノにとっては追い風になった。つくづくしぶとい桜だという気もするが、むしろそんな偶然の積み重ねがなければ、本来多様で歴史もある桜の八割をソメイヨシノという新種が占めることはなかったのだろう。

桜語りの戦後

そのなかで、桜語りも奇妙な多様化と自閉化をみせていく。

「ヤマザクラからソメイヨシノへ」という起源の物語は、戦後も空洞化しながら生き残った。精神論は力をうしない、「山桜」の語も植物学では使われなくなったが、「ソメイヨシノ以前はヤマザクラが日本を代表する桜だった」という語りだけは残った。その上で、桜の歴史や文化や思想が思い思いに語られ、ナショナリティとの関係が論じられつづけた。

植物学的な言説にとっては、それはむしろ幸せな状況だったろう。植物学にとって、桜の文化的な位置づけは大した問題ではない。専門に閉じることで、桜を重要な研究対象にしながら、科学として次第に自律できるようになった。

人文や社会科学といわれる領域では少しちがってくる。雑誌『櫻』のようなナショナリズムの科学がなくなることで、かえって観念が肥大した語りが残りつづけた。特定の大きな物語をもたないまま、桜の精神論の語り口だけが受け継がれていったのである。桜に強い観念や思想を見出す語りは大体そうで、特に昭和ゼロ年代前後生まれの世代にはその傾向が強いようだ。

この世代や少し上の世代では、戦争の後、ずっと沈黙を守りつづけた人のことも語られるので、語る人たちの饒舌さがとりわけ目立つが、もっと若い世代でも大きくちがうわけではない。思いつきや想像が事実をあっさりのみこんでいくのだ。

例えば、『万葉集』に出てくる「桜」「山桜」はしばしばヤマザクラだといわれるが、Ⅱ章でみたように、「山桜」は山野に咲く桜を広くさす。例えば奈良の春日山原始林の調査ではカスミザクラが確認されており、当時もあったと考えられている。カスミザクラの咲き姿はヤマザクラとよく似ているが、咲く時期がちがう。平均的な開花期でみると二週間近く遅い。つまり、奈良時代の人たちも一ヶ月近く、桜の花を見ていたのである。

カスミザクラのことは実はかなりいろいろな人が書いているのだが、にもかかわらずソメイヨシノや、ソメイヨシノを投影した「ヤマザクラ」の姿が、驚くほどかんたんに持ちこまれる。

例えば、こんな具合である。

……小野老《おののおゆ》の名歌、

あをによし寧楽《なら》の京師《みやこ》は咲く花の　薫《にお》ふがごとく今盛りなり

も、花はとうぜん桜でなければならない。桜花咲きみちた寧楽の都、高円《たかまど》も春日も佐保《さほ》もまた佐紀も山やまはぐるりと、そして邸宅には「屋戸《やと》の桜」がすべて、咲き乱れていなければならない。（中西進『花のかたち　日本人と桜（古典）』、平成七年）

「咲く花」には昔から梅だとする解釈や、特定の花ではないという解釈がある。むろん十分承知の上でこういっているのだろうが、市中でも周囲の山々でも一斉に咲き乱れている、というのはさすがにどうか。これではまるで東京のソメイヨシノである。私もこの歌を最初に読んだとき、よく似た光景を想像したが、それは戦後のソメイヨシノ化された都市の感性だと思う。

著者は「吉野から桜を移し植えることは、奈良朝の公卿《くぎょう》の間でも行なわれていたのではなかろうか。……そうした桜が奈良の処々に増えつづけて、奈良自体が桜の名所となった。奈良の桜ができ上がる過程に、必ずや吉野山があるにちがいない」とも書いている。どうも奈良の桜はヤマザクラだけだという思いこみから、いろいろ想像を走らせているようだ。

想像される「歴史」

平城京(奈良)や飛鳥の周りで桜が目立っていたと考えるのは、的外れではない。桜は森や林の空き地に生え、森が回復すると消えていく。だから、都市が造られ、周囲の山野で木が大量に伐られるようになれば、桜はふえる。「万葉人がたくさんの桜を観賞した」のは、むしろ「その時代にはすでに天然林から薪や炭になる木を切って林冠を破壊した場所が多かったという証拠」(谷本丈夫前掲)なのである。

建築資材や煮炊きの燃料だけではない。宮殿や寺院には大量の瓦がいる。地面を裂いて粘土をとり、林を伐って焼く。藤原京で使った瓦の窯《かま》の一つは竜田川の谷にあったし、佐紀や佐保の山の奥には平城京で使う瓦の窯が次々につくられた。

聖武の天平年間は平城遷都からほぼ二十年後。ヤマザクラやカスミザクラなら、ちょうど立派な花をつけだす頃だ。「豊桜彦尊《とよさくらひこのみこと》」と諡《おくりな》された天皇の治世が桜の花で飾られていた、というのは十分ありうるが、それは広い意味で自然破壊の結果であり、中国から輸入された律令や都城の制度の産物でもあった。京のまわりで従来にない密度で咲く桜は、唐風の文物や大仏と同じくらい、新奇《モダン》な風景だったはずだ。だから聖武天皇は桜とともに記憶されたのではないか。そういう意味では、吉野ではなく、奈良こそが最初の桜の名所だといえる。

それがなぜか、外来文化を熱心に吸収した奈良時代にも桜の伝統は脈々と息づいていた、という話になってしまう。こういう語りは他にも多い。桜の精神論が植物学や史料をしたがえる巨大な観念の物語をめざしたのに対して、戦後の桜語りの多くは植物学や史料と無関係に思いつきや想像で「歴史」を語る。桜への愛情が感じられる文章に、あまりあれこれいいたくないのだが、繊細な情緒と安易な断定が共存するところに、戦後の桜語りの戦後らしさがある。

旧い記憶が消されたのは、ソメイヨシノの咲く土地だけではない。本田正次・林弥栄編『日本のサクラ』(昭和四九年)では、吉野の「桜守」として、桐井雅行のこんな言葉が載っている。

吉野山は天下のサクラの名所だから樹齢数百年の名木があるかに思われがちだが、せいぜい七〇〜八〇年生のものが古い方で、百年を超えるものはまれにしかない。これはおそらく密植によって互いの生長を制しあっているせいだと私は思っている。現に神代ザクラなどと称されるよそのサクラはかならずといってよいほど独立樹である……。

吉野の桜が本格的に整備されるのは明治二十年代後半、ちょうどこの八〇年前だ(→Ⅰ章2)。だから、「百年を超えるものはまれ」なのだが、老樹がないのは桜自体の自然だとされる。戦前のガイドブックや町史には桜の衰微も「里人の濫伐」、つまり地元の人間が伐ったためだとあるが(吉野山小学校同窓会『吉野名所誌』、吉野町役場『吉野町誌』など)、それも語られなくなる。あのソメイヨシノ／ヤマザクラ、人工／自然、近代／日本、……という物語は、そういう空白の上に上書きされているのである(→Ⅰ章2)。

物語は立場のちがいをこえて伝播していく。人工／自然、近代／日本、東京／地方という対照は国家や権力に重ねあわせることもできる。一斉に花が咲き散るソメイヨシノは国家や軍隊に結びついて広まっていった、それは日本に本来ない人工的で不自然な感性であり、いわば明治の中央政府によって創られた伝統にすぎない、と。

例えばⅠ章でふれた山田宗睦『花の文化史』はこう語る。

「淡泊な、潔い男心をズバリと言い表わしているのも桜だ。風に散る桜の風趣はまさにその観がある……」

サクラをこのように見るのは、近代の日本人、そのなかでも……戦中派以上の年代には、ひろくゆきわたっている。しかし、こういうサクラ観は、じつは明治以降がつくりだした擬似伝統であって……。

やくざな散る桜説の背後にあるサクラは、やくざなソメイヨシノである。東京染井の植木屋がつくった、移植しやすく生育も、開花も、散るのも早い栽培種である。花は品位がひくく、色もうすい。……

日本人がその心にコミュニケートしたサクラは、〝散るサクラ〟ではなく〝散らないサクラ〟だった。……山あいに咲くヤマザクラの格調にくらべ、明治以降のサクラは、品位にかける人工的なソメイヨシノでしめられた。色もうすく、やすでに散るこの花……。〈散るサクラ〉よりも〈散らぬサクラ〉の側に、わたしはいいたい。(「二つのサクラ観」)

山田は戦前の桜語りを強く否定するが、実際には、ヤマザクラに貼られていたラベルをソメイヨシノに貼りかえたにすぎない。こうして、伝統がないという伝統も創られていく。語る中身をさまざまに変えながら、その語り口において、戦後の桜語りは始源の桜語りを虚ろになぞりつづける。説話の断片を適当にくみあわせて複製しながら、新たな「伝統」を編み出していく。

「みんな」のモノローグ

そこには独特なゆるさがある。少し硬い言い方をすれば、戦後の桜語りではたんに感情や記憶が個人化されているだけではない。むしろそれが極度に主観化され、個人の内面へと後退していくことで、「みんな」の感情や記憶を召喚する。「集合的無意識」という言葉があるが、まさにそんな感じだ。自分も好きだし他の人も好きだろう、というのではなく、モノローグに純化することで無媒介的に「みんな」へ直結されるのだ。

すべてがそうだというわけではないが、この種の語りはとても多い。平成一三年(二〇〇一)に出版された岩波新書の一冊から引用してみよう。

> 日本人にとってどこへでも訪ねたくなる気持ちを起こさせる桜には、長い暮らしの歴史が溶けこんでいます。桜はやはり特別です。……
>
> どんな花でも散りますが、なぜ散る桜なのか。桜は散るということの、象徴的なものなのか、という疑問がわいてきます。それに答えるために、私が奇蹟的に経験して開眼したことを話してみたいと思います。

……清涼寺の嵯峨大念仏狂言を見物に行きましたら、ほとんど前日と気温も変わらないのに、突然満開の桜の花びらがわずかな風に舞い上がって桜吹雪になっている。……本当に時が満ち満ちて、そこでぱっと世界が裏返ったよう。いっせいに、しかもその散り際が宙に舞い上がって、花吹雪という言葉はこれなのかと思うような光景です。

つまり、とことんまで咲ききって、ある時期が来たら一瞬にして、一斉に思い切って散っていく。こうした生ききって身を捨てるという散り際のよさが、日本人にはこたえられないのではないでしょうか。……

桜というのは、自分一人ではなく、みんな一緒にというところがあって、……それがとても不思議だと思います。梅の花は一輪ずつを味わうことが多い。……ところが、桜はマッスだと思います。（栗田勇『花を旅する』）

細かい解説はもういらないだろう。桜は最初から「マッス」＝群れだったわけではない。八重桜は一本ずつ鑑賞されることが多かったし、まとめて植える場合でも、多品種植えなら咲き散るタイミングは少しずつずれる。それを「みんな一緒」「一斉に咲き散る」ようにしたのは、Ⅱ章でみたように、ソメイヨシノの拡大である。長い歴史が溶けこんでいるわけではない。

「花の研究家でない」と断わる書き手に、「散り際はきたなき」八重桜の欠落や、七十～八十年前までは「緑を交えて」の美しさがあったことを云々するのは、不当だろう。だが、具体的な知識の有無をこえて、この語りにはゆるさがある。個人的な感覚や記憶をあっさり「日本人」につなげて「開眼」してしまう。「マッス」とか「奇蹟」といった、口当たりのいい通念にかんたんによりそってしまう。

空転する言葉

それはもちろん、この語りだけのことではない。桜がでてくると、なぜか突然「古来から」や「日本人」が呼び出されてくる。でありながら、昭和十年代の桜の精神論のような明確な観念や思想はない。むしろ、ないからこそ安心して呼び出せるのかもしれない。なんというか、虚数空間を強引に跳躍するようなものだが、実定的《ポジティヴ》な大きな物語なしに、個人化し拡散していく感情や記憶をただ一つの桜らしさへつなげていくには、たしかにこれが唯一の語り口なのかもしれない。

まるでソメイヨシノ並木のような、奇妙な距離感のなさがそこにはただよう。自分でも気づかずに、つい観念によりかかってしまう。歴史化された巨大な物語の不在は、無時間的な「みんな」への無意識のもたれあいをつくりだした。「サ＋クラ」語源説など、民俗学風の語り口が戦後の桜語りで支配的になったのも、おそらくその一環である。

もっと現代風にアレンジすると、こんな感じになる。

ソメイヨシノは、花のあとの実や種で、増えはしない。というのも、そもそもこのソメイヨシノという品種は、江戸時代に誕生したたった一本の原木を元に、接ぎ木と挿し木のくり返しによってのみ数を増やして現在まで生き延びている完全な観賞用園芸樹で、つまり、日本中すべてのソメイヨシノはクローンで増やされたまったく同じ遺伝子を持つ同一の一個体でしかないのだ。

これはどう言うことかというと、……つまり、毎年春となると、全国の各地の「家族」や「友人知人」や「会社の同僚」や、その他様々な関係の人間達を木の下に呼び寄せ、ニギヤカな宴会を促すソメイヨシノは、しかし当の本人だけは、誕生の時からずっと、交配する相手すらいないまま世界にたった一本の個体としてクローンで増殖してきた一人ぼっちの樹木ということである。

江戸末期以来、多くの園芸家がソメイヨシノの植物遺伝的な父と母である〝江戸彼岸〟

と〝大島桜〟を人工的にかけ合わせて、二本目のソメイヨシノを作ろうとしているけれど、これはどうにもうまくいかないらしい。遺伝子の不思議。同じ特性を持つ二本目はなぜか誕生しないのだ。（石丸元章「葉桜　クローンよ、胸の内が聞きたい」『朝日新聞』二〇〇四年四月一七日夕刊）

「みんな」に対して「一人」、「ニギヤカさ」に対して「孤独」、「伝統」に対して「くり返し」と、よくある通念の反対側に光をあてて、あざやかに切り返したところはなかなかうまいが、桜語りとしてはやはり見事に定型的である。Ⅰ章でのべたように、起源の遠近法と反起源の遠近法は硬貨《コイン》の表と裏にすぎない。「みんな一緒」が虚構ならば、「一人ぼっち」も虚構なのである。

実際「ソメイヨシノは……交配する相手すらいない」はただの誤解だし、「遺伝子の不思議」も不思議でもなんでもない。人間でいえば、兄弟と姉妹がそれぞれ結婚しても、子どもは同じ個体にはならないし、たとえ同じ父と母から生まれても、二人目は一人目とはちがう。二本目のソメイヨシノができないのはそれと同じで、不思議という方が不思議なくらいだ。

それでも、こうした語りに私たちはつい納得してしまう。桜に「深い意味」を見出すことに慣れてしまっているからだ。空転する言葉で紡がれた感傷的な独り言《モノローグ》。その点で、これもまた、実に戦後らしい桜語りの一つである。

不死のゼロ記号

そのなかで桜は、さまざまな意味を吸い寄せるが、それ自体は意味をもたない虚焦点、一種のゼロ記号となっていった。桜にかぎらず、あらゆる表象は外部の観察者からすれば、そういう空虚さをもつが、桜の場合、その意味圏内部の観察者、つまり私たち自身にもこの空虚さは半ば見えている。半ば見えつつも、そこに何か意味を結びつけるのを私たちはやめることができない。

桜をめぐる社会科学の不在にも、それは現れている。桜をめぐる人文学は山田孝雄の『櫻史』のような古典をうんだが、桜の社会科学には誰もが知る著作がない。疑似科学になってしまった作品ばかりだったわけではない。むしろ不思議な忘却がくり返しおきるのだ。

桜のゼロ記号性にしても、私が最初に発見したわけではない。最近では大貫恵美子の『ねじ曲げられた桜』(平成一五年)がほぼ同じことをのべているが、大貫が最初でもない。ほぼ二五年前に、斎藤正二の『日本人とサクラ』(昭和五五年)がこう指摘している。「けっきょく、人間がサクラをどう見るか、サクラのなかにいかなるsymbolを読み取るか、という問いに対する正しい答えは、それはすべて関係によって決まるのであり、サクラ自身になにか意味上の実体があるのではない、ということになる」。

ゼロ記号性は発見されては忘れられてきたのである。ここでも記憶が個人化され、旧い記憶は消去されていく。あらゆる意味をもちうる無意味として桜の意味のすべてを解明したとする語りも、忘却されることで無意味と化していく。無意味と汎意味の反転が二重にくり返されるのだ。無時間化を批判する社会科学的な語りが自ら無時間化を反復してしまうのは、皮肉なことであり不幸なことでもあるが、それが言説というものなのだろう。様式《モード》の力といってもいい。

桜語りの欲望がそれだけ強い、というだけではない。どこかでこの空虚さは気づかれており、いわば折りこみずみになっているので、空虚さが見えても語りの欲望が停止しないのだ。

桜がやまとだましいを象徴するなどという考えを馬鹿馬鹿しいと思うことは簡単だが、そんなふうにして通念を次々と引っぺがしてゆくことで、桜そのものに行きつけるわけではない。いっさいの通念にわずらわされることなく桜そのものの美しさに心を委ねているつもりでも、そのような心の動きは、実は、古来人びとが桜という対象のうちに積みあげてきた無数の思いに支えられ、そのうえに成り立っているものだ。だから、神経質に通念を拒み続けて桜そのものを追うことは、桜を、奇妙に痩せた、それが純粋であればあるほど薄っぺらな存在と化すことになりかねないのである。

だがしかし、それでは、さまざまな通念にのんびり心を委ねていればよいかとなると、そうもゆかぬところがある。いろいろな事情で、桜についての通念は、あまりに一般化し、平板化しているために、無警戒にそれらの侵入を許すと、桜との個性的な出会いの切っかけを失うことともなる。もちろん、さまざまな通念をのびやかに生かしながら、そのことを通して桜というものの微妙な生をとらえるということは不可能ではないが、それは少なくとも現在のわれわれにとっては、きわめて困難なことに属する。（粟津則雄「桜について」、昭和五八年、竹西寛子編『日本の名随筆65　桜』より）

全くその通りで、これほどうまく戦後の桜語りをとらえた文章はないと思うが、ここまでいわれて、おまけにそれが桜の代表的エッセイ集に収められていながら、その後もだらだらと言葉を連ねる。それが戦後の桜語りなのである。

空虚の前に引き返すこともできず、通念にただ身をゆだねることもできない。その間で宙吊りになったまま、私たちは桜語りを蚕の糸のように吐きつづけ、桜は曖昧な後ろ姿だけを私たちに見せながら、ゆらりゆらりとゆらめきつづける。

2　自然と人工の環

桜のエコノミー

そんなソメイヨシノと桜語りの歴史をたどってきて、あらためて感じるのはこの桜が人間、とりわけ日本の近代を生きた人々にとって、とても都合のいい桜だということだ。

経済的な面からいっても、ソメイヨシノは繁殖させやすい。接木の成功率が高く、成長も速い。だから、大量生産にも向いているし、需要がふえたりへったりするのにもあわせやすい。近代社会においては桜も市場経済の一商品である。生産者からすれば、ソメイヨシノはとても経済的《エコノミカル》な品種だった。

消費者にとってもそうである。都市改造や新しい記憶づくりに使いやすいのは、すでに見てきた通りだ。ソメイヨシノは苗木が安いだけでなく、移植した後の根づきもよい。官庁や企業、宗教法人が計画的に植える上では、これも大きな要因になる。景観を良くしようと植えたのに、すぐに枯れたり、なかなか咲かなかったりすれば、担当者の責任問題になるからだ。

軍隊も役所も宗教法人も官僚組織である。担当者はいつも予算内で確実な成果を要求される。官公庁であれば、国民や地域住民の目もうるさい。ソメイヨシノはその点でもぴったりの桜だった。官僚組織向きの桜、笹部新太郎の言葉をかりれば「月給取り」向きの桜なのである。まして「ソメイの方は苗木の寸法、その数量、全く思いのままで、希望の数量さえ示せば立ちどころに手に入る」(『櫻男行状』)となれば、使わない方がおかしい。

思想や文化の面からみても、ソメイヨシノは都合がよい。例えば、ソメイヨシノにはその出現以前から語られてきた桜の美しさを実現したところがある(→I章2)。「吉野桜」がいつのまにかソメイヨシノの名前になったのも、これが「吉野の桜」のイメージに、ある意味ではヤマザクラ以上に、うまくはまる桜だったからだ。

そのことが、I章でみたようにソメイヨシノ自体の歴史をたどりにくくしただけでなく、II章でみてきた通り、現在にいたるまで多くの伝承や伝説をつくりだしてきた。それはこの桜が、日本の近代がまさに立ち上がる時期に出現したからだけではない。例えば旧い桜ヤマザクラ/新しい桜ソメイヨシノがそうであったように、先行するイメージを実現したことで、人々の想像と現実とをうまく分離できなくさせたからでもある。

実現した、というより、誇張したといった方がいいかもしれない。先行するイメージの一部をより強調して現実のものとした。その意味で、ソメイヨシノの春は通俗的な感覚に強くうったえるものがある。戦後の普及と散乱のなかで桜語りが個人化していったことで、その力はいっそう強まった。どこか虚ろだと気づきながら、ついつい桜にかこつけて何かを語りたくなる。いや、虚ろだからこそ、いっそう安心して語ることができる。

そういう意味でも便利な桜なのである。

嫌われる理由

にもかかわらず、ソメイヨシノはあまり評判がよくない。「俗悪な花だ」とか「なくなってしまえ」といわれる。

ひどい話だが、そういわれる理由はそれなりにある。一つには、ソメイヨシノはあまりにも普及しすぎた。列島の桜の約八割というのは、さすがに異様な数字である。もう見飽きた、という声が出てもしかたがない。ソメイヨシノの普及には、笹部のいうような「月給取り」根性だけでなく、身近な空間を少しでも美しくしたいという、ささやかな願いもあずかっていたと思うが、結果として見れば、流行が流行をつくりだした面は否めない。

だが、それにとどまらない、ある種根源的な気味悪さ、不気味さもこの桜は感じさせる。「クローン」だと名指されると、妙に納得してしまうのもそのためだろう。京都の「桜守」として知られる佐野藤右衛門はこう語っている。

染井吉野は、人間の手で作られた桜やということになります。そやから、最後まで人間が関わらないと生きていけないし、種がないから、子供が生まれるということもない。

……

染井吉野は、いまはやりの言葉で言うたら、「クローン」ですから、人間の手が必要なんです。……

それに染井吉野は、ずっと接いできたから、いまのものはあまりよくありませんわなぁ。いま咲いてる染井吉野の若々しい芽を摘んでも、すでに百歳近くになってるわけですやろ。芽が老化しているんですわ。それで接ぐから、あまりいいものはできんということです。(『櫻よ』)

さすがにもう書き飽きたが、ソメイヨシノに子供が生まれないのは、種がないからではない。

「芽が老化している」といわれても、にわかには信じがたい。佐野の言葉が正しければ、新しいソメイヨシノほど早く枯れやすくなるはずだが、「ソメイヨシノの寿命が五十年」は戦前からいわれている。最近になって特に短命になったわけではない。

それでもこの言葉には何かうなずかせるものがある。それはこの桜に、人間の手があまりにも深く関わっているからだろう。

ソメイヨシノが広まるにつれ、そのいわば負の面も目を引くようになった。咲き方が俗悪だとか醜悪だとかをのぞいても、二つ、ずっといわれつづけてきた点がある。

第一は枯れやすさである。これにもいくつか要因があって、まずソメイヨシノの多くは密集して植えられた。「一面の花色」という理想を実現し、圧倒的な量感をつくりだすには、これが一番適した植え方なのである。その分、枝と枝がぶつかる、日当たりもよくない、病害虫の被害も拡がりやすい。桜にかぎらず、動物でも人間でも、特別な人工的な管理をしないかぎり、密集した生息地では生物の寿命は短くなる。Ⅰ章でものべたように、単品種集中型というのは生態学的にはあぶないやり方なのだ。

もう一つ考えられるのは、ソメイヨシノがオオシマザクラの特性の一部を極端な形で引き継いだ可能性である。ソメイヨシノは根づきがよく、あちこちに植えられたが、だからといって、

表III-1　サクラの種間結果率

組み合わせ		結果率（受粉に成功した比率）	形成率（種子が成熟した比率）
めしべ	ヤマザクラ*		
花粉	ソメイヨシノ	49.7	49.1
	オオヤマザクラ	19.4	—
めしべ	ソメイヨシノ		
花粉	ヤマザクラ	9.2	9.2
	オオシマザクラ	17.4	8.7
	イトザクラ	12.6	6.9
	エドヒガン	15.7	15.7
めしべ	オオシマザクラ		
花粉	ソメイヨシノ	26.8	19.6
めしべ	イトザクラ		
花粉	ベニシダレ	61.8	61.8
めしべ	コヒガン		
花粉	ソメイヨシノ	4.2	1.0

*ヤマザクラと他のヤマザクラの結果率は60%ちかい
渡辺光太郎「サクラの実の秘密」，本田正次・林弥栄編『日本のサクラ』より

どこでも同じように長もちするとはかぎらない。岩崎や笹部が示唆しているように、オオシマの自生域である南関東の海沿い以外では枯れやすい桜なのかもしれない。ソメイヨシノの耐病性は人によって意見がちがっていて、事実と想像が区別しづらいのだが、テングス病が都市部に少なく、山間部に多いことはよく知られている。

第二は種子のできにくさである。ソメイヨシノにも種はできるが、結果率は低い（表Ⅲ－1、岩崎文雄前掲）。これも樹によってちがうようだが、種子ができにくい品種ではあるようだ。

枯れやすさと種子のできにくさ。常識的に見れば、これは生物としての弱さを意味する。人

間の手を借りないと存続していけない桜。そこに根源的な気持ち悪さを見出す語りが出てくるのも、無理はない。

「日本の自然」は一つでない

しかし、だからといって、ソメイヨシノが人工的で不自然だという、よくある結論に飛びつくのはおかしい。重要な点を二つ見失っている。

一つは地域差である。南関東の海沿いでは枯れにくく、それ以外では枯れやすいとすれば、ソメイヨシノ自体が不自然なわけではない。不自然なのは、本来の生育環境の外へ連れ出した人間の方である。なのに桜そのものの性質として不自然さを発見するのは、人間の働きかけの結果を自然の属性にすりかえるものだ。

京都や奈良、あるいは東北地方でもいいが、特定の場所のソメイヨシノの姿を見て、それが日本列島全土にあてはまる保証はどこにもない。日本列島を一つの均質な環境といえるかどうかは、一つ一つの生物ごとにちがう。例えば、二〇度の温度差に対応できる生物にとって、五度の温度差しかない環境は均質だが、五度ぐらいの温度差にしか対応できない生物にとって、五度の温度差があれば同じ環境ではない。

つまり、そもそもソメイヨシノにとって日本が一つの均質な環境であるとはかぎらないのだ。それを無視して日本とソメイヨシノの関係が論じられてきたのは、「日本」という「一つの空間」「一つの自然」があると強く信じてきたからである。その単一性と均質性の通念が部分的にせよソメイヨシノの普及によっているとしたら、ソメイヨシノの不自然さを発見する営みは実に奇妙なふるまいだといえよう。

同じことは他の桜にもあてはまる。例えば、I章でふれたように、ヤマザクラは寒さと潮風に弱い。つまり、京都や吉野など西日本の内陸部向きで、沿岸部や東北地方には不向きな桜なのだ。海沿いの平野や東北に人が多く住むようになるのは戦国〜江戸時代からである。だから、江戸時代より前にはヤマザクラが目立つが、江戸時代以降はオオシマ系の八重桜、そして明治以降はやはりオオシマを親にもつソメイヨシノが目立つようになる。

それは人間の住み方に大きく対応しているのであって、桜を愛する心どうこうの話ではない。むしろ京都や奈良の人が海沿いや寒い土地に住む人に「ソメイヨシノは俗悪で、ヤマザクラこそが美しいのに」という方が乱暴だと思う。平安時代、つまり平安京=京都という西日本の盆地を首都にもつ社会でヤマザクラが愛好されたのと、江戸時代以降の、江戸(東京)という東日本の海沿いを首都にもつ社会でオオシマ系の桜が愛好されたのは、同じくらい自然なことである。気候のちがいを無視して、あらゆる土地にソメイヨシノを植えようとするのと、気候のちがいを無視して「日本の桜は本来ヤマザクラ」と断言するのは、どちらも同じくらい自然環境を見ていない。

「日本の自然」は一つではない。正確にいえば、一つかどうかは、どの生物の視点で見ているかによってちがう。特定の地域の人間が特定の生物だけで「日本の自然」を論じるのはおかしな話で、それはただ観念をもてあそんでいるにすぎない。そういう倒錯が起こりやすいのも、桜ならでは、であるのだが。

自然／人工の反転

もう一つは、自然／人工という考え方そのものである。これまでみてきたように、ソメイヨシノの拡大にはさまざまな形で人間が関わっている。ソメイヨシノは枯れやすく、種子もできにくい。にもかかわらず、日本の桜の八割を占めている。その意味で、ソメイヨシノの風景はきわめて人工的なものだ。だから不自然だ、と人間は思う。

だが、これは全く逆の方向からも見ることができる。ソメイヨシノが日本の桜の八割を占めているという事実こそ、この桜が現状で十分成功している証拠ではなかろうか。ソメイヨシノはたしかに枯れやすく、種子もできにくいが、そもそもソメイヨシノには枯れにくかったり、種子をたくさんつくったりする必要があるのだろうか。

病気が蔓延すれば、人間の方が「桜を救え!」と騒ぎたてて、いろいろ対策を講じる。種子ができなくても、人間の方が勝手にクローンをつくってあちこちに植える。何もしなくても、人間がやってくれる。

もっと考えを進めれば、この「人間の方でやってくれる」ということ自体がソメイヨシノのなせる業ではないのか。人間はソメイヨシノにいろいろやってあげているつもりでも、結局、ソメイヨシノにいいように使われているだけではないのか。病気への対策にしても、環境への適応にしても、個体の増殖にしても、そうである。ソメイヨシノの普及に人間が深く関わっているというより、本当はソメイヨシノが人間をうまく使って繁栄してきたのではないか。

「人間を使って」というのは擬人化にすぎないが、論理的に考えても、人間にとってソメイヨシノは環境の一部だが、ソメイヨシノにとっては人間が環境の一部である。その環境の一部である人間に、ソメイヨシノはきわめてうまく適応している。適応の成功を個体数の多さで測るとすれば、疑問の余地なく、大成功をおさめた桜だ。ソメイヨシノは弱いわけでもなく、不自然なわけでもない。むしろ、人間という環境にうまく適応した点で、きわめて強い生物なのである。

ソメイヨシノの不自然さをいいたてる人はしばしば「自然との融和」とか「調和」という自然観を唱える。けれども、それは本当は、人間を中心にしてしか自然を見ていない。強烈な人間中心主義者になってしまっている。

ソメイヨシノが周りの自然環境から超然としているように見えるとすれば、それはこの桜が自分の環境である人間社会にうまく調和しているからにほかならない。人間は自然と人工を分けたがるが、「自然」とされた方からみれば、人工は環境の一部である。そう考えれば、ソメイヨシノが人工交配か自然交配かという起源論争の大テーマも、あまり大きな意味はない。植物からすれば、花粉を人が運ぼうが虫が運ぼうが、ちがいはないからだ。

ソメイヨシノは彼らを取り巻く日本列島の生態系、その一部に人間社会をふくむ生態系全体にうまく適応して、空前の大繁栄を勝ちえた。それを「不自然だ」「俗悪だ」「醜い」と非難する方が、よっぽど傲慢だと思う。

美しさの根底

もっと深読みすれば、こうも考えられる。

私たちはソメイヨシノに深い不気味さや気持ち悪さを感じる。美しいにもかかわらず、どこかひどく心をざわつかされる。それはどこかでこの自然／人工の反転に気づいているからではなかろうか。

感動というのは、自分が動かされてしまう経験である。私たちはソメイヨシノによって、ついいろいろ動かされてしまう。桜が好きになったり、桜語りをしてみたり。あるいはそこまで入れこまなくても、ソメイヨシノで身近な空間が飾られれば、あまり悪い気はしない。自分の税金がそういうふうに使われても、まあいいかと思う。

人間はふだん素朴に自分が世界の中心にいると考えている。その人間サマがソメイヨシノによって動かされてしまう。それがこの桜の美しさによるものだとすれば、この桜の美しさは人間にとって、どこか不自然な経験に感じられる。本来あるべき位置に自分がいられない、ドイツ語に“unheimlich”という言葉があるが、そういう種類の気持ち悪さを経験させられるのである。美しいにもかかわらず不気味、なのではなく、美しいからこそ不気味なのだ。

あるいは、ソメイヨシノの美しさが「死」に結びついてきた一つの理由はここにあるのかもしれない。「死」は人間にとって絶対的な受動性の体験である。死ねば何もできなくなる、その死をただ人間は受け入れるしかない。その受動性は美しさによる感動に通じる。深い美しさによって、人間はいやおうなく動かされてしまう。主体性を奪われるという意味で、どこか殺されてしまうのである。

桜の美しさを語るときに、いつも引かれる言葉がある。「桜の樹の下には屍体が埋まっている！」――梶井基次郎が「桜の樹の下には」冒頭に書いた一文である。日本の桜はそういう美しさをおびてきた。それは神秘でもなんでもない。桜が自らの周囲に住む人間たちに適応しようとしてきた歴史の結果にほかならない。

染井霊園のソメイヨシノ

このことは、ソメイヨシノは美しい桜かという、一見答えの出そうにない問いへの答えにもなる。美しいかどうかは主観的なものである。それに直接答えを出すことはできない。けれども、染井を出てからわずか百五十年、ごく短い時間のなかでこれほど多くのソメイヨシノが日本列島各地で咲くようになった。

その事実は、人間たちがソメイヨシノにいかに強く動かされたかをはっきりと示している。人はそれをさらに「美しい」とか「下品だ」とか、さまざまな形容で語ってきたが、そうした語りもふくめて、人はこの桜に動かされてきた。その受動性の強度において、やはりソメイヨシノは美しい桜だといっていい。

「桜」とは何か

断っておくが、この「ソメイヨシノによって人間が動かされた」とか「自然／人工の反転」といった考え方は、私のオリジナルではない。「システム論」とよばれる世界理解の方法の、基本的な考え方にすぎない。システム論というと、一昔前の、機械じかけの話を連想する人がまだ多いだろうが、近年のシステム論は「意味」や「システム／環境」をあつかう思考法へ、大きく様変わりしている。

それによれば、システム／環境という区別が最初からあるわけではない。それこそ今みてきたように、人工と自然の区別を立てているのは人工である人間の側である。これをシステム論的にいい直すと、システム（例えば人工）と環境（例えば自然）の区別自体がシステムによってうみだされる。システムはいわば、自分が何者であるかを自分自身で後から決めていく。その意味で、実はシステムと環境の線引き、つまり二つの間の境界設定こそがシステムの最も重要な営みなのである。

当然、システムにあたる側がかわれば、環境もかわってくる。例えば、桜にとっての「環境」には人工がふくまれる。というか、桜にとっては人工／人工以外（＝人間が考える「自然」）の区別が存在しない。例えば、花粉を虫が運ぼうが人間が運ぼうが、桜にとって大きなちがいはない。虫も人間も桜にとっては同じ環境の一部である。

こうした考え方の源流の一つは、J・フォン・ユクスキュルの生物－環境相関論にある。ユクスキュルは斎藤正二『日本人とサクラ』でも紹介されているが、さらにさかのぼれば、伊藤銀月がかなり近い理論を組み立てている。広い目でみれば、これは誰かのオリジナルな発想というより、「自然と人間」や「桜と日本」について、論理的に考えつめていけば普遍的に到りつく考え方なのだろう。

「桜」や「日本」はそうやって創りだされてきた。

「桜」というと、桜と桜でないものがはっきり分かれるように思いやすい。けれども、本当は生物学でいう「種」でさえ、純粋に物理的《フィジカル》な区別とはいいがたい。例えば、この本ではソメイヨシノの学名を *Cerasus*... と紹介してきた。あれっと思った人がいるかもしれない。今（二〇〇五年現在）のところ、*Prunus* という属名を使う方が多いからだ。

Prunus は「すもも（プルーン）」をさす。つまり、桜を *Prunus* に入れた人たちは桜を「すもも」の一種と考えたわけだ。それに対して、*Cerasus* はラテン語の「サクランボウ」から来ている。*Prunus* から *Cerasus* への変化は、桜を特別な植物にしてきた日本語圏での接し方が西欧に広まった結果ともいえる。

植物分類学の世界ですらそうなのだから、ましてふつうの人々が使う「桜」に、明確な根拠があるわけではない。I章でのべたように、「桜」のイメージにあわせて、「桜である／でない」とよび分けてきた、というのが妥当なところだろう。ここでいう「イメージ」は、誰かの頭のなかの映像にかぎらない。むしろ語りの重積《ネットワーク》のなかで構成されるものである。

人間だけがこのイメージを創っているわけではない。そこには「桜」自身の働きかけもある。ソメイヨシノが人間社会への適応だとすれば、「桜」は「桜」イメージにより適った樹木の形態を自ら生みだしていることになる。そういう樹種がふえれば、「桜」イメージもさらにより強くそちらの方へ引っぱられる。特定の形質を強く強調した種類がふえれば、そうでない種類は「桜」に思えなくなり、「桜」自体も変わってくる。

その意味で、「桜」は「桜」自体を創りだしてきたともいえる。こういう言い方は面白いだけに十分慎重にあつかう必要があるが、桜に強い観念を投影しがちな私たちにとっては、真面目に考えてみる価値はある。Ⅱ章でみたソメイヨシノとヤマザクラとの関係などはその一番わかりやすい例だろう。

「桜」の自己創出《オートポイエーシス》

ソメイヨシノは生物学的にはエドヒガンとオオシマの交配種だが、桜のイメージ上では、むしろヤマザクラの「進化」したものにあたる。伊藤銀月風にいえば、桜を観賞用に愛《いと》しむという日本人の習性にあわせて、桜が進化してきた結果なのである。

こういう意味での「進化」も取扱い注意の考え方だが、生物学的な特性からみても、それほど的外れではない。すでに何度ものべたが、桜には自家不和合性がある。「S遺伝子」が同じめしべとおしべの間では、受粉しない。逆にいえば、桜は遺伝子を組み換えて、新たな性質を生みだしやすい。「S遺伝子」の「S」は「自己(self)」から来ている。桜にはたえず自己を組み換えて新たな種類を創る特性があるのである。

桜好きの間では、このことは昔から気づかれていた。小野蘭山という人がこんな歌をつくっている。蘭山は桜図鑑『櫻品』の著者、松岡玄達の弟子にあたる本草学者である。

ひと品を実うへにすれば色も香も　かさねの名さへかはりこそすれ

種子から育てた桜は、元の桜とは色も香も名前もちがったものになる。園芸品種の場合、樹単位で名前がつくのでいっそう際立つが、自生種のヤマザクラでも同じことはおきる。たまたまヤマザクラの花粉がついた場合でも、種子をつけた元のヤマザクラとは少しちがうヤマザクラに育つ。桜の自家不和合性は一九六七年に渡辺光太郎によって証明されるが、二百年前にはほぼ同じ発見をした人がいたのだ。

この特性ゆえに、つねに新しい形質をもつ桜がうまれる。それを利用して人間は新たな品種を開発してきたし、逆に形質を固定したい場合には、接木や挿木を使ってきた。「クローン」というと新奇な感じがするが、桜を接ぐ記事は藤原定家の日記にすでにでてくる。定家は『新古今集』の選者の一人で、百人一首の編者でもある。鎌倉時代の昔から、クローン桜は咲いていたのだ。クローンで殖やすというのは、吉野山の「千本」の景観と同じくらい旧い、伝統的なあり方なのである。

桜とよばれる植物たちはたえず自己を組み換えて、新しい形質の樹をつくる。そこに人間が関与するようになれば、人間の感覚や価値観、テクノロジーなどが環境圧力になる。例えば人間が美しい桜を望めば、結果的に、人間が美しいと感じる形質がふえていく。都市改造に都合のよい桜を望めば、都合のよい桜がでてくる。「桜」がそちらの方向へ変わっていくのだ。「桜」のなかに新しい桜が加わり、その桜が「桜」の意味を変えていく。その新たな「桜」から遠い桜は「桜」ではなくなっていく。

ありえた「桜」とありえた歴史

その面だけみれば、人間が「桜」を変えていったともいえるが、桜が愛好された理由の一つは新品種のつくりやすさにある。そこですでに自然が人工のなかにくり込まれている。それだけではない。「桜」は人間がもつ「桜」イメージ自体にも関与する。Ⅱ章でみたように、ヤマザクラにただ一つの「桜本来の美しさ」を見る視線は、ソメイヨシノの延長か、その反照だと考えられる。だとすれば、「桜」の変化が人間の「桜」イメージを変え、それがさらに「桜」を変えたわけで、「桜」は自分自身を創りだしていることになる。

だから、例えばこう考えることもできる。江戸時代の大都市では花の大きい八重桜が愛好されていた。もしソメイヨシノが出現しなかったら、近代の桜語りは八重桜こそが一番桜らしい桜だとしたかもしれない。日本人が桜好きに転じるのは九世紀後半以降だといわれるが、一一世紀初めには「八重桜」は古典文学に登場する。だから、I章でみた『枕草子』や『源氏物語』を持ち出してきて、「日本人は桜を愛するようになるとともに、特に八重咲きに桜らしさを見出し、長い時間をかけて育てていった」という歴史を書く人もいたかもしれない。「ヤマザクラもいいけど、やっぱり八重桜」などといいながら。

あるいは逆に、ヤマザクラが江戸で花見の対象にならず、桜といえば断然八重桜とされていたならば、ソメイヨシノが染井に出現しても「にぎやかで田舎くさい桜」にとどまり、各地に広まらなかった可能性だって考えられる。もしそうなっていれば、桜とナショナリティの結びつけ方もちがっていただろうし、ヤマザクラが日本らしい桜になることもなかったのではないか。

ソメイヨシノとはどういう桜なのか。その意味はそれ以前の「桜」に連なることで創られる。そして、ソメイヨシノが連なることで「桜」の意味も新たに創り直される。これを創るといえるのか、疑問に思うかもしれないが、それこそ人間の営みを冷静に見なおせばわかるように、外からの影響を受けず何かが創りだされることはない。絶対的な、閉じた主体性というのが幻想なのである。あえていえば、そういう主体性を想定して、人工／自然をことさらに区別しようとすることこそ、「一神教」的というか、近代キリスト教的といえよう。

そういう意味では、何度も引きあいに出して悪いが、ヤマザクラに「自然」や「多神教」を見て、ソメイヨシノに「人工」や「一神教」を見る視線こそが、「西欧的な頭の影響」で「人間による自然征服の自己満足」なのである。

「日本」の自己創出《オートポイエーシス》

「日本」についても同じことがいえる。というか、同じ事態を「日本」を主語にして言い換えることができる。

「日本」の場合、創られる経路はもう少し複雑である。近代世界では、国境線の内部はナショナリティの空間とされる。桜はそのナショナリティの表象として位置づけられ、そのなかでソメイヨシノという品種は特に大きな役割をはたした。単一の品種として列島全土を覆い、朝鮮半島や台湾島にも進出していった。「同じ春」を国家全域に広めることで、ナショナリティの空間をリアルなものに見せていった。ただ一つの桜らしさがただ一つの日本に結びついたわけだ(→Ⅱ章3)。

それはたんなる思想やイデオロギーの産物ではない。官僚組織との相性の良さ、身近な空間を美しくしたいという願い、あるいは一人一人の故郷と異郷への思いや死者の追憶が幾重にもからまりあい、積み重なってできている(→Ⅱ章2)。だからこそ、局所ではさまざまなほつれをはらみながら、その総体は自然として、自然にあるべき姿として感じられやすい。桜らしさ＝自然＝日本らしさの等式もそこに根ざしている(→Ⅱ章4)。

その上で歴史も読み換えられていく。ソメイヨシノは日本語圏で語られてきた桜の美しさ、桜らしさの理念の一部を実現するものであった(→Ⅰ章2)。そうであることによって、桜らしさの理念もまたかわっていく。想像の一部が現実になることで、その一部が桜らしさのなかで中心的な位置を占める。これこそが伝統的な桜らしさだとされていく。ヤマザクラに始源を求める視線もそのなかで育まれる(→Ⅱ章4)。その意味でも、ソメイヨシノは新しくて旧い桜なのだ。

こうして「日本らしい」自然と伝統が創出されていく。そして、その自然と伝統を根拠として、「日本」というナショナリティがさらに再編成されていく。それは敗戦の後もしっかり生き残った。語り方や感じ方の様式として、政治的な立場のちがいをこえて、さまざまな起源と反起源の物語のなかに継承され、新たな起源や、「起源がない」という起源を編み上げていった(→Ⅱ章1・2、Ⅲ章1)。

そうやって「日本」は自らを創出しつづけてきたのである。自らを少しずつ組み換えながら再生産していく。システムは自分が何者であるかを自分自身で後から決めていく、というのは、例えばそういうことでもある。過去のさまざまな出来事の連鎖のなかに、新しい出来事が接続することで、過去の出来事たちの意味も新たな出来事の意味も更新されていく。「日本」も「桜」もそうやって創られている。

ソメイヨシノの歩みは、それをとりわけあざやかに見せてくれるのである。

ソメイヨシノの明日

創り創られるといっても、もちろんそのあり方は一通りではない。「桜」と「日本」では少しちがっていたし、これまでのあり方が今後もつづくとはかぎらない。むしろ、桜語りからすれば、「桜」も「日本」も大きな曲がり角を迎えているように見える。

これまで「桜」と「日本」は自然という観念を通じて、お互いにお互いの根拠をあたえあってきた。自然な桜こそが本来の桜であり、それは日本らしさをもつ。日本らしさは桜という自然を見ればわかる。この桜らしさ＝自然＝日本らしさという図式の上で、例えばヤマザクラとソメイヨシノがことさらに対照化されてきた。

最近でも、ソメイヨシノの「クローン」性が人工性や新奇さを強調する形で語られている。

桜のクローンは平安時代からあるし、現在では身近な観賞用植物や食用植物の多くがクローンである。にもかかわらず、ソメイヨシノだけが話題になるのも、一つにはこの図式に直接関わるからだろう。

だが、ここにも屈折がおきはじめている。「日本」では、かつてのような国籍－民族－文化－歴史の統一体がほどけ、ゆるやかに境界が多重化しつつある。それにつれて「日本」そのものの人工性が次第に主題化されるようになっている。日本らしさを自然という形でつなぎとめなくなっている。

「桜」の方にも同じ事態がおきている。この本がまさにそうであるように、自然／人工の境界がゆらぎ、やはり桜らしさを自然という形でつなぎとめなくなっている。クローンがことさら話題になるもう一つの理由は、たぶんそこにある。「クローン」は自然が不可侵な実体ではなく、人工的に創られることのメタファーでもあるのだ。

つまり、桜らしさ＝自然＝日本らしさという図式が等号（＝）の両方でほどけかかっている。二つの等号はお互いに根拠をあたえあうがゆえに、片方がゆらげば、もう片方もゆらがざるをえない。だから、どちらが先というよりも、図式全体がほどけているのだろう。

だとすれば、「日本」が境界を多重化しつつあるように、「桜」も境界を多重化していく。桜らしさはもっと多様になり、「桜といえばソメイヨシノ」ではなくなるが、ソメイヨシノを「不自然だ」「人工的だ」「俗悪だ」と決めつけることもしなくなるだろう。

それは「日本」や「桜」の終焉ではない。より個人化され、より感情化され、そしてそういうものとして了解されることで、「日本」が生きつづけているように、「桜」もまたゆるやかに拡散しながら生きつづける。システム論の様変わりともそれはからんでいる。私たちはおそらく、創られたものとすることでシステム／環境境界を保持する様式へ移りつつあるのだ。

例えば、この本のなかで山田孝雄と伊藤銀月の語りは特別な位置価をもったが、これもその一環なのだろう。この二人は、創られたものとしてのナショナリティを肯定する方向性をもつ。国語学者山田孝雄の国語論をそういう視点で読み直すのも、面白いかもしれない。この新たな境界様式は主観化と衝突するものではなく、お互いにお互いを支えあう。戦後の桜語りの拡散はその先駆けともいえる。

とすれば、そんな感覚や記憶を乗せる媒体《メディア》として、ソメイヨシノという桜はいっそう便利に使われるのではないか。たかが桜といいながら、桜に事寄せて何かを感じたがり、語りがたる。それがソメイヨシノでなければならない理由はなくても、手軽さと便利さにおいて、ソメイヨシノをこえる品種はまだないし、他の桜も「これこそが日本の桜」という強い信憑をまとえるわけではない。そうであるかぎり、創り創られる桜として、桜のなかの一つでありながら、桜らしい桜でありつづけるだろう。

ソメイヨシノはやはり日本近代を生きる桜なのである。

あとがき

1

桜の季節になると、つい口ずさむ詩がある。

洛陽城東桃李花　飛来飛去落誰家
洛陽女児好顔色　行逢落花長歎息
今年花落顔色改　明年花開復誰在
已見松柏摧為薪　更聞桑田変成海
古人無復洛城東　今人還対落花風
年々歳々花相似　歳々年々人不同
……

洛陽城東《らくようじょうとう》　桃李《とうり》の花　　飛び来《きた》り飛び去って誰《た》が家にか落つる
洛陽の女児《じょじ》　顔色好《がんしょくよ》し　　行《ゆ》くゆく落花に逢《お》うて長歎息《ちょうたんそく》す
今年《こんねん》花落ちて顔色改《あらた》まり　　明年《みょうねん》花開くも復《ま》た誰《たれ》か在《あ》る
已《すで》に見る　松柏《しょうはく》の摧《くだ》けて薪《たきぎ》と為《な》るを　　更に聞く　桑田《そうでん》の変《へん》じて海と成るを
古人《こじん》復た洛城の東に無く　　今人還《きんじんま》た対す　落花の風
年々歳々《ねんねんさいさい》　花相似《あいに》たり　　歳々年々《さいさいねんねん》　人同じからず

……

唐の詩人、劉廷芝《りゅうていし》の「代悲白頭翁（白頭を悲しむ翁に代る）」の一節だ。私が一部でも暗誦できるのは、これと三好達治の「甃《いし》の上」ぐらいだから、通俗的というか凡庸というか。誦《うた》いながら勝手に景色も想像するのだが、その時脳裏を飛ぶのはいつも桜の花である。むちゃくちゃな話だ、「桃李」の花とはっきり書いてあるのに。桜の花を思いうかべているのに気づいた時も奇妙な感じがしたが、もっと奇妙なことに、気づいた後も、頭にうかぶのはやはり桜、それもソメイヨシノである。

それだけ桜とソメイヨシノに染められているともいえる。でも本当は、出会いや別れを彩る花は別に桜でも桃でも李でもいいのだろう。「年々歳々花相似たり　歳々年々人同じからず」。本当に切ないのはその思いであって、思いを託する花ではない。

思いを託されても託されなくても、花は花。桜だからどういう、ソメイヨシノだからどうこう、というのは人間の世界の出来事にすぎない。桜は桜、人は人。二つはどこまでいっても対等の存在なのだ。そういう意味では、ひどく人工的にみえるソメイヨシノにしても、人の手のとどかない向こう側にある。

それさえわかっていれば、ソメイヨシノに「桃李花」を見るのもわるくはない。そう思うことにしている。

2

もうおわかりだろうが、この本の主題はソメイヨシノや桜というより、ソメイヨシノを語る言葉、桜を語る言葉である。というか、本のなかでのべたように、人間にとっても桜にとっても、この二つは切り離せないのだが、その分とてもやっかいだった。

私は特に桜好きというわけではない。もちろん決して嫌いではない。現在の日本人(日本国籍保有者)のなかには極端な桜好きがある程度いるから、日本人の平均値ぐらいの桜好きといえば、ほぼあたっているのではなかろうか。

平均的な桜好きらしく、私はどの桜も好きだ。ソメイヨシノの氾濫にはちょっとひくが、ソメイヨシノ自体は美しい。ヤマザクラ好きの思いこみは興ざめだが、ヤマザクラはやっぱり美しい桜だ。自然だとか、伝統だとか、帝国の歴史だとか、そんな観念と関係なく、ただ美しい。一葉、関山などの八重桜のほっこりした花もきれいだし、エドヒガンの神秘的な姿もいい。オオヤマザクラのしずけさもなんともいえない。ちょっとちがう意味だが、佐藤錦もいい桜だと思う。

しかし、あえて一番好きな桜、といわれれば、オオシマザクラをあげるだろう。オオシマの葉の緑と花の白の対照《コントラスト》に私は強く惹かれるのだ。これはもう「美しい」とか「いい」とかではなくて、ただ好きとしかいいようがない。

オオシマは明治以降の桜語りのなかにはあまり出てこない。植物学の関係をのぞけば、「南関東の農民の桜」に位置づけた斎藤正二と、あとは小林秀雄の「さくら」ぐらいか。鎌倉文士たちの随筆にちょっと顔をだすくらいで、圧倒的に語られざる桜である。だからこそ、オオシマを起点にすると、桜語りの構築がよく見える。

しかし、私がオオシマを好きなのは全く別の理由からだ。私は西日本で生まれ育った。今でも新幹線で西にむかうと、米原をすぎたあたりから気持ちが明るくなる。何度も経験してわかったのだが、私は緑のあざやかさに反応しているらしい。

西日本は照葉樹が多い。照葉樹の葉は光の反射率が高く、緑が明るい。それに対して、東日本の広葉樹林は緑が暗い。東京で過ごした時間の方が今はもう長いのだが、私はいまだに広葉樹の暗さに慣れていない。

オオシマは相模湾や房総の温暖な土地に自生する。だからなのか、広葉樹のなかでは葉も花も明るい。私がオオシマを好きなのは、素朴さや爽やかさからではなく、その明るさから来るものだろう。とりわけ東日本の暗い冬にうんざりした後で、オオシマの花と葉を見ると、ほっとする。私にとってこの桜は南関東の桜ではなく、生まれ育った西の土地を思わせる桜なのである。

だから好きなのだが、オオシマは新来者である西日本ではほとんど無視されている。その冷たさも西の伝統である。

その意味で、私のオオシマ好きは伝統の時間にも場所の空間にも位置づかない。いわば二重に「故地《ハイマート》」をもたない感覚である。もちろん、それもまた日本という狭い時空の内部での出来事ではあるが、どうやらその「故地のなさ」が私自身の桜語りの根元にあるようだ。ソメイヨシノを嫌いになれない理由もそこにあるのかもしれない。

3

桜をめぐる語りは、古典文学から植物分類学や生理学まで多岐にわたる。そのどれもが聖域ではなく、事後的にみれば、一つの言説的編成をなしている。そういう考え方にたって、この本は書かれている。

桜語りの移り変わりといっても、桜をただの喩《たと》えやマクラにした話が、時代や流行につれて内容を変えるのはあたりまえだ。考える意味があるのは、立場のちがいはあれ、それぞれの場所で桜そのものを真面目に語ろうとしている、いわば愛情をもって桜に対している語りだけである。この本でもそうした語りをとりあげた。

そのため、幅広い領域に素人的に首をつっこまざるをえなかった。できるだけ原典で確認するようにしたが、新書なので、詳しい注記は削った。重要な文献がぬけおちているとか、読み方がまちがっているといった、初歩的な誤りもまだまだあると思う。勝手なお願いで恐縮だが、それらの点もご指摘いただければ幸いである。

桜をめぐる議論は論理性と実証性をおろそかにしてきた、と斎藤正二は書いている。科学や伝統の位置づけでは私は彼と少しちがった立場をとっているが、私も論理性や実証性を無視して語りたくはない。どんなに愛情があっても、最終的には言葉が空転してしまうからだ。その一方で、あまり強く時間と構造をもちこめば、物語をもう一つ創ってしまう。そのかねあいは正直むずかしかった。たぶん私一人では決着をつけられないし、つけようとしてもいけないのだろう。

表記法についてかんたんに説明しておく。本のなかでは、桜をカタカナで書く場合と漢字で書く場合がある。カタカナは現在の植物分類学的な定義にもとづく名称、漢字は日本語圏で慣用的に使われてきた名称をさす。ただし、引用文では原文表記を尊重した。

旧かなづかいや漢字の旧字体については、読みやすさを優先して、引用文も適宜、新かなづかいと新字体に変更した。本来ならばすべて原文表記を尊重したいが、新書で書く目的を考慮して、あきらめることにした。固有名詞も本来はそれが帰属する団体や個人の用法に準じるべきであるが、同じ理由から新字体を使うことにした。この点に関しては、関係者のご寛容を乞うしかない。

ただ、書籍と絵画の題だけは参照したものの表記を尊重した。さすがに『櫻史』を『桜史』と書く気にはなれなかったわけだが、この原則のために、新字体で復刻されたものは新字体の題名になっている。また、あまりなじみがなく煩雑になりすぎる場合は、新字体に変えた。

暦表記は年号を先にした。内側の視点から外へ開いていく形で書きたかったからだ。私たちはふつう年号を使って時間を区分している。西暦で一貫させると、時代の推移はかえって想起しづらい。「日本」「日本人」という名称も、いくつかの箇所であえて厳密な定義をせずに使った。

これらもおそらくシステムの境界づけ作用の一つなのだろう。客観的な区分があるというより、区分意識の方が区分をつくっていく。年号で時代区分できるのも、その効果が大きい。だが、あらゆる記述は何かの境界を前提にする。境界づけをあつかうこの本でも、その点にかわりはない。むしろ、境界づけをあつかうだけに、主題化できる境界の数や種類はかぎられてくる。その取捨選択の結果である。

この本の語りが過去の語りとうまく接続すれば、その地平もまた少し変わってくるのだろう。内部観察者である私には、何が起こるのか、見通すことはできないが。

これだけはただ待つしかない。

この本も一冊にまとまるまでに、いくつかの巡りあわせがあった。

ソメイヨシノがクローンであることを知ってから、桜の歴史や、植物と人間の関係についてぼんやり考えていたのだが、こういう形で文章にするきっかけとなったのは、小説家の赤坂真理さんのエッセイ(「桜の季節、「近代」を思う」『朝日新聞(時流自論)』二〇〇四年二月一五日)である。感想めいたメールを書き送らせてもらっていたのだが、それに触発される形で、自分が桜について何かを書きたいことに気がついた。

ここ数年、依頼で書く文章が多く、居心地が悪かったので、ちょうどいい機会だと思ってそのまま一気に書いてみた。おかげで、「最近どんな仕事をしてます?」「桜の本を……」「桜ってあの桜ですか⁇」という会話を何度もくり返すことになったが、それも楽しかった。貴重なコメントもいくつももらえたが、最初のきっかけをいただいた赤坂さんには特に感謝したい。

また、木戸孝允関係の文献は、同僚の酒井哲哉教授に教えていただいた上、手にはいりにくいものは見せていただけた。あわせて感謝したい。

口絵のサクラのカラー写真は森林総合研究所多摩森林科学園の勝木俊雄さんにお貸しいただいた。御著書などを通じて分類や名前の由来をいろいろ勉強させてもらい、文章のなかでもかなり勝木さんの研究のお世話になっている。その上に、突然ご連絡して写真までお借りして、本当にありがとうございました。(念のため申し添えておくと、本文中の分類・学名などは独学で、誤りはもちろん私一人の責任である。)

出版する際には、小田野耕明さんにお世話になった。新書はいくつか重要なところで編集部と共同作業になる。いろいろ適切な意見をもらって助けられたが、原稿を催促する手間はかからなかったのではないか。その点だけは我ながら良い著者であったと思う(^^)

――まあ、書き出すときりがないので、この辺でやめておこう。室内にこもって読んだり書いたりするのにも、少しあきた。吉田兼好は「家を立ちさらでも」なんていうが、それで春をすごすのはもったいなさすぎる。

カンヒザクラやカンザクラはもう咲いている。もう少しすれば、エドヒガンも咲きはじめるだろう。桜の春が今年もやってくる。

桜を見ないと、やっぱり春は終われない。

二〇〇五年二月

佐藤俊樹

桜のがいどぶっく・がいど

桜に興味をもった人のために、かんたんな案内をつけておく。といっても、桜に関する文献や資料はたくさんあるので、ガイドブック的に読めるものにしぼった。つまりは、ガイドブックのガイドである。落ちているものもあると思うが、ご容赦を。

もっとつっこんで知りたい人は、これらの本や本文中であげてある文献を読んでほしい。ただし、×は新刊では手に入らない。番号は出版年の順である。(二〇〇九年一二月改訂)

1　桜の分類や植生

①川崎哲也解説『山溪セレクション　日本の桜』山と溪谷社　×
②大場秀章編『週刊朝日百科植物の世界52　サクラ　バクチノキ』朝日新聞社　×
③勝木俊雄『フィールドベスト図鑑10　増補改訂　日本の桜』学習研究社
④『桜ブック　本当に桜のすべてが分かる』草土出版＋星雲社
⑤大場秀章・秋山忍『現代日本生物誌8　ツバキとサクラ』岩波書店

⑥写真／木原浩、解説／大場秀章・川崎哲也・田中秀明『新日本の桜』山と渓谷社

①は自生種・園芸品種を網羅して、その系統や特徴を整理した本。いわば桜の『広辞苑』。専門家ならともかく、素人はこれで調べてわからなかったら、あきらめるしかない。ただ一九九三年に出たので、最近わかったことは反映されていない。

②は Cerasus 型の学名による分類が簡潔に解説されている。薄版のムックだが、品切れ中。私は熊本の古書店から購入した。

③は身近な桜を調べるのに特に役立つ。携帯に便利なよう工夫されているので、花見にもっていくのもよい。ハンディな桜図鑑というのは、『櫻品』以来の良き伝統である。

このほか、毎年春になると桜関連の本やムックが出る。多くはこの①～③をもとに、適当に話題をくわえて編集したもので、ときどきまちがえていたりするが、そのなかで④は独自の取材をまじえて出来がよい。ただ、取材源の関係か、一面的なところもある。

⑤は植物学の専門家が文化や歴史もふまえて概観したもの。サクラの部は秋山忍の担当。桜のもろもろが手際よくわかりやすくまとめてある。ツバキとの対比も興味ぶかい。

ほかに講談社や学習研究社からも薄版のムックが出ている。ざっとみるのにはこちらの方が便利だろう。

⑥は①の改訂版。値段もやすい。旧版出版後にえられた知見を反映して、かなり内容は書き換えられているので、

こちらを参照した方がよい。ただし、品種の特定が厳密なので、「分類不能」になる可能性も高い。桜の品定めのむずかしさを、あらためて思わされる。

2　桜の歴史（概説）

①山田孝雄『櫻史』講談社学術文庫
②斎藤正二『日本人とサクラ』八坂書房
③白幡洋三郎『花見と桜』ＰＨＰ新書
④鳥越皓之『花をたずねて吉野山』集英社新書　×
⑤飛田範夫『日本庭園の植栽史』京都大学学術出版会
⑥有岡利幸『桜Ⅰ』『桜Ⅱ』法政大学出版局
⑦写真／野呂希一、解説／浅利政俊『さくら』清菁社

①は桜および桜関連文献の人文学の古典。知識の面ではさすがに古びたところもあるが、時代や立場のちがいをこえて、本当の教養とは何かを教えてくれる。
②は桜の社会科学の古典的著作。言葉づかいや文献のあつかい方は時代を感じさせるが、論理の鋭さはまったく古びていない。

③は花見をテーマにしたものだが、桜語りへの批判的考察も重要。「サ＋クラ」説の考証など、史料がきちんとおさえてある。桜語りは二次引用・三次引用があたりまえの世界なので、こういう厳密さはうれしい。巻末の文献リストも役に立つ。

④は吉野山をめぐる環境と歴史の社会学。桜語りでは手薄になりがちな、地元との関係に光をあてている。③④は新書なので、入門にも手ごろ。

⑤は園芸史で、植物学や考古学、古典文学の文献なども広く調べてある。『櫻史』に出ていない文献や史実も多く紹介され、他の観賞用植物との比較もできる。

⑥は広い範囲の文献をもとに、桜の歴史を描いた労作。通覧するだけでも十分楽しめるが、使った文献の信頼性はまちまち。その点で玉石混交になったのがおしまれる。桜は伝承や憶測が一人歩きするところがあり、裏をとらないで引用するとあぶない。なお、同じ著者の『梅』(法政大学出版局)は、桜好きにもおすすめの本である。

⑦は品種と名所の紹介つきの写真集だが、解説の浅利氏が育てられた松前の八重桜がたくさん載っている。手に取ると、江戸時代の八重桜文化が匂ってきそうな佳品。

3　桜の歴史(時代ごと)

①西行『山家集』岩波文庫

②岡山鳥・長谷川雪旦『江戸名所花暦』ちくま学芸文庫　×
③雑誌『櫻』有明書房(復刻版)　×
④佐藤太平『櫻の日本』雄山閣　×
⑤香川益彦『京都の櫻　第一輯』京都園芸倶楽部　×
⑥相関芳郎『東京公園文庫8　東京のさくら名所今昔』郷学舎　×
⑦竹国友康『ある日韓歴史の旅　鎮海の桜』朝日選書
⑧大貫恵美子『ねじ曲げられた桜』岩波書店

①はいうまでもなく、日本史上屈指の桜マニアの歌集。桜好きなら積読《つんどく》ぐらいはしておきたい。

②は江戸の花の名所のガイドブック。挿絵もふくめて、江戸の桜の感じを知るのには一番手ごろだろう。

③は戦前の代表的な桜雑誌。多くの桜語りの元ネタであり、大正～昭和の同時代資料としても欠かせない。復刻版が古書店で買えるが、値段はそれなりにする。

④は昭和初期の全国の桜の名所を解説したもの。精粗があるが、東京周辺と東日本はわりにしっかりしている。『櫻と日本民族』が以前復刻されたこともあって、その印象で見られがちな著者だが、雑誌『櫻』の論考より実証的な面もある。

⑤は④とほぼ同時期の著作で、京都の旧い名所の現状と歴史を紹介している。著者は京都在住の桜

研究家として知られるが、落ちついた良い仕事を残している。文化の厚み、だろうか。
⑥は東京にかぎったものだが、街路樹や公園の桜もわかる点で貴重。
⑦は韓国随一のソメイヨシノの名所で、かつては帝国海軍の基地だった鎮海の近代史の本。現地の史料や聞き取りから、戦前・戦後の半島南部でのソメイヨシノの歴史がうかがわれる。特に戦後この桜がたどった途には、いろいろ考えさせられる。
⑧は古代から第二次大戦までの、桜関係の思想や表現の移り変わりを論じた本。特に戦前の昭和期が充実している。文献のあつかいも丹念だが、なぜか『日本人とサクラ』にはふれていない。議論が重複するところも多いのだが。
リストからおわかりのように、明治期については適当なものがない。ちょうど桜への視線が江戸から近代へ切り換わる時期で、和装本と洋装本でも世界が全然ちがう。なお『曙山園藝』や『日本風景新論』などは国立国会図書館の近代デジタルライブラリー(http://kindai.ndl.go.jp/)で読むことができる。

4 文学関係

①竹西寛子編『日本の名随筆65 桜』作品社 ×
②『國文學 桜-桜花のエクリチュール』学燈社 ×

③『現代詩手帖　桜の詩学』思潮社　×
④小川和佑『桜の文学史』文春新書

①は桜に関するエッセイを集めたもの。大家がずらりと並んでいて、さすがにどれも面白い。図書館で所蔵してあるところは多いはず。
②は国文学、③は詩関係の解説兼ダイジェスト本。
④の著者は桜の歴史の著作を何冊も出しているが、重複もあるので、最新作をあげておく。評論としての評価では私は白幡洋三郎と同意見だが、桜の植生をふまえた文学史の概説は他にはない。その点はやはり貴重。ただ、品種の説明は1の①や⑥とくいちがうものもある。

5　各地の名所案内

桜の名所案内はたくさんある。一冊だけあげるとすれば、やはり

①日本さくらの会編『日本のさくら　さくら名所100選』日本さくらの会　×

だろうが、品切れ中。

私のおすすめは地元の桜好きが地元の出版社や新聞社から出した本。味があるし、見て回るのにも役に立つ。新刊で手に入らなくても、古書店ですぐ買えるものも多い。

インターネット上にも、見ているだけで楽しいホームページがいくつもある。先達はあらまほしきかな。

6　その他

①笹部新太郎『櫻男行状』双流社　×
②佐野藤右衛門『櫻よ』集英社文庫
③平塚晶人『サクラを救え』文藝春秋(『日本のサクラが死んでゆく』新風舎文庫)　×

①と②は関西の桜好きの新旧代表格の著述。どちらもソメイヨシノには冷たい。

③は対照的に、ソメイヨシノへの愛にあふれた本。「ソメイヨシノ寿命六〇年説」を入口に、植生、名所づくりの苦労、歴史、起源論争など、一通りおさえてある。ソメイヨシノに興味をもった人は、これから読むといいと思う。

ソメイヨシノの起源をめぐる新たな展開——本書五刷に際して(二〇〇九年一二月)

ソメイヨシノ起源をめぐって、少し前に、注目すべき遺伝子解析の結果が発表された(中村郁郎・高橋弘子・太田智・森泉俊幸・佐藤洋一郎・花城良廣・三位正洋「PolA1遺伝子解析によるサクラの類縁関係——ソメイヨシノの起源」、日本育種学会二〇〇七年春季年会)。

簡単に結論だけ紹介すると、この解析結果は「コマツオトメのようなエドヒガン系品種を母親に、オオシマザクラを父親として起源したことを示唆している。注・コマツオトメを母親と断定していない」。もしこれが正しいとすれば、長く謎とされ、論争にもなってきたソメイヨシノの起源がかなり明確になる。その点でとても興味ぶかい研究である。

第一に、これが正しければ、船津静作のメモ(以下「船津メモ」と略す)はまちがいだったことになる(本文三七―三八頁)。このメモには「大島桜を母とし」とあるからだ。船津メモは伝聞や伝承を書きとめたもので、資料的な価値は前田曙山の文章(三九―四一頁)などと同程度だろう。

桜をめぐる神秘化の一つとして、育成の専門家が「桜守り」として、桜の歴史についても特別な洞察力をもつかのようにいわれることがある。育成の知識は尊重されるべきものだが、桜の樹を育てるのに訓練と知識と経験が必要であるように、歴史の追跡にも専門の訓練と知識と経験は欠かせない。神秘化は誰にとっても良くないことだと私は思う。

第二に、ソメイヨシノが自生種のエドヒガンから生まれたわけではないことになる。これは特にソメイヨシノの発生地に関わってくる。発生地をめぐっては小泉源一が唱えた済州島説、竹中要による伊豆半島説、そして岩崎文雄による江戸染井発生説の三つがあったが、このうち済州島説はすでにほぼ完全に否定されている。伊豆半島説は「ソメイヨシノは自生種のエドヒガンと自生種のオオシマザクラとの交配で生まれた」ことが前提なので、今回の解析結果で否定された。

それに対して、岩崎説は船津メモだけでなく、植生的な特徴などから総合的に判断したものであり、船津メモ以外の論拠は現時点でも否定されていない。したがってソメイヨシノの発生地は江戸東京、それも染井近辺だと考えるのが妥当だろう。

ただし、岩崎文雄は発生地以外にも、発生の経緯と時期に関して説を立てており(三七頁)、これらについては今回の解析結果はむしろ否定的な結果になった。

まず発生の経緯については、岩崎は人工交配によるとした。論拠は二つ。一つは船津メモで、もう一つは、東京大学小石川植物園のオオシマザクラの平均開花時期がエドヒガンの平均開花時期と重ならないことである。

しかし、現在の植物学者の解説では(→巻末の「がいどぶっく・がいど」1)、エドヒガンの開花期とオオシマの平均的な開花期は一週間ほど重なる。かりにオオシマの開花期の幅(分散)が大きいとしても、その場合は特定のオオシマの樹の平均開花期から判断すること自体、統計学的にみておかしい。人工交配説に関しては、交配用の器具が見つかっていないなどの疑問も出されており、積極的に支持する論拠はないといっていい。

本書でも述べたように（一〇―一二頁）、江戸時代の江戸ではすでにオオシマザクラ系統の桜が広く栽培・観賞されていたと考えられる。もともとエドヒガン系の桜が多い土地でもあり、その園芸品種もすでにあったと考えてよい。特に、当時、園芸業がさかんだった染井や巣鴨周辺であれば、自然交配の可能性は十分ある。人工交配を積極的に支持する論拠がなければ、自然交配によると考える方が妥当だろう。

もう一つは発生の時期である。岩崎は江戸時代中期というかなり早い時期をあげる。これは主に、戦前の小石川植物園にあって、第二次大戦で焼失した旧いソメイヨシノの観察記録にもとづく樹齢の推定による。この観察記録が正しいかどうかは、現在では確かめようがない。

また、この樹が本当にソメイヨシノかどうかも疑問が残る。現在の小石川植物園には、一九世紀終わり頃に植えられた「ソメイヨシノ」とされる樹が数十本あるが、そのうち一本は、別の遺伝子解析の研究によって、他のソメイヨシノとはちがうことが指摘されている(Hiroyuki Iketani, Satoshi Ohta, Takayuki Kawahara, Toshio Katsuki, Nobuko Mase, Yoshihiko Sato and Toshiya Yamamoto, “Analyses of Clonal Status in ‘Somei-yoshino’ and Confirmation of Genealogical Record in Other Cultivars of Prunus × yedoensis by Microsatellite Markers”, *Breeding Sicense* 57:1-6(2007))。この結果もソメイヨシノの起源を考える上で重要である。

江戸市中にエドヒガン系の桜とオオシマザクラがかなりあったとすれば、その間でさまざまな自然交配が起きた可能性は高い。ソメイヨシノとはちがうが、よく似たエドヒガン系×オオシマ、あるいはオオシマ×エドヒガン系の交配種があってもおかしくない。というか、おそらくあっただろう。小石川植物園の、ソメイヨシノによく似た旧い桜の樹もその一つなのではないか。

もちろん、ソメイヨシノが江戸時代中期になかったとは証明できないが、積極的な論拠はなく、類似の桜があった可能性もかなりある。そうである以上、発生時期を無理に遡らせる必要はない。

まとめると、現時点ではソメイヨシノの起源については、(1)発生地は江戸東京とりわけ上野から染井、巣鴨にかけての地域で、(2)自然交配によるもので、(3)時期は積極的な決め手はないが、江戸時代の終わりから明治初め、西暦でいえば一八〇〇~一八七五年ぐらい、だと考えられる。もちろん、新たな遺伝子解析結果がでれば、これもひっくり返るかもしれないが。

なお、起源論争に関していうと、先ほど述べた問題点があるにせよ、岩崎文雄の考えが大筋で妥当だったといえる。そうなった一番大きな理由は、ソメイヨシノが園芸品種であることをふまえて、人間や社会の営みを考慮に入れたことにある。特に竹中の伊豆半島説への反論は的確だった。

桜のような、人間と密接に関わってきた植物の起源や伝播は、自生種の起源や伝播と同じようには考えられないのだろう。そういう意味でも、藤野寄命がつけた「ソメイヨシノ」、つまり「ソメイのヨシノ」というのは、絶妙な命名《ネーミング》だったと思う。

佐藤俊樹

1963年広島生まれ
1989年東京大学社会学研究科博士課程退学
現在ー東京大学大学院総合文化研究科教授
専門ー比較社会学，日本社会論
著書ー『近代・組織・資本主義』(ミネルヴァ書房)
『不平等社会日本』(中公新書)
『意味とシステム』(勁草書房)
『格差ゲームの時代』(中公文庫)
『社会学の方法』(ミネルヴァ書房)
『社会科学と因果分析』(岩波書店)
『社会は情報化の夢を見る』(河出文庫)
『社会学の方法』(ミネルヴァ書房)
『社会科学と因果分析』(岩波書店) ほか

桜が創った「日本」
—ソメイヨシノ 起源への旅　　岩波新書(新赤版)936

2005年2月18日　第1刷発行
2021年10月15日　第9刷発行

著　者　佐藤俊樹《さとうとしき》

発行者　坂本政謙

発行所　株式会社 岩波書店
〒101-8002 東京都千代田区一ツ橋2-5-5
案内 03-5210-4000　営業部 03-5210-4111
https://www.iwanami.co.jp/

新書編集部 03-5210-4054
https://www.iwanami.co.jp/sin/

印刷製本・法令印刷　カバー・半七印刷

ISBN 4-00-430936-0　　Printed in Japan

岩波新書新赤版一〇〇〇点に際して

ひとつの時代が終わったと言われて久しい。だが、その先にいかなる時代を展望するのか、私たちはその輪郭すら描きえていない。二〇世紀から持ち越した課題の多くは、未だ解決の緒を見つけることのできないままであり、二一世紀が新たに招きよせた問題も少なくない。グローバル資本主義の浸透、憎悪の連鎖、暴力の応酬――世界は混沌として深い不安の只中にある。

現代社会においては変化が常態となり、速さと新しさに絶対的な価値が与えられた。消費社会の深化と情報技術の革命は、種々の境界を無くし、人々の生活やコミュニケーションの様式を根底から変容させてきた。ライフスタイルは多様化し、一面では個人の生き方をそれぞれが選びとる時代が始まっている。同時に、新たな格差が生まれ、様々な次元での亀裂や分断が深まっている。社会や歴史に対する意識が揺らぎ、普遍的な理念に対する根本的な懐疑や、現実を変えることへの無力感がひそかに根を張りつつある。そして生きることに誰もが困難を覚える時代が到来している。

しかし、日常生活のそれぞれの場で、自由と民主主義を獲得し実践することを通じて、私たち自身がそうした閉塞を乗り超え、希望の時代の幕開けを告げてゆくことは不可能ではあるまい。そのために、いま求められていること――それは、個と個の間で開かれた対話を積み重ねながら、人間らしく生きることの条件について一人ひとりが粘り強く思考することではないか。その営みの糧となるものが、教養に外ならないと私たちは考える。歴史とは何か、よく生きるとはいかなることか、世界そして人間はどこへ向かうべきなのか――こうした根源的な問いとの格闘が、文化と知の厚みを作り出し、個人と社会を支える基盤としての教養となった。まさにそのような教養への道案内こそ、岩波新書が創刊以来、追求してきたことである。

岩波新書は、日中戦争下の一九三八年一一月に赤版として創刊された。創刊の辞は、道義の精神に則らない日本の行動を憂慮し、批判的精神と良心的行動の欠如を戒めつつ、現代人の現代的教養を刊行の目的とする、と謳っている。以後、青版、黄版、新赤版と装いを改めながら、合計二五〇〇点余りを世に問うてきた。そして、いままた新赤版が一〇〇〇点を迎えたのを機に、人間の理性と良心への信頼を再確認し、それに裏打ちされた文化を培っていく決意を込めて、新しい装丁のもとに再出発したいと思う。一冊一冊から吹き出す新風が一人でも多くの読者の許に届くこと、そして希望ある時代への想像力を豊かにかき立てることを切に願う。

（二〇〇六年四月）